HEYNE <

DER AUTOR

Adrián Paenza, 1949 in Buenos Aires geboren, promovierte in Mathematik an der Universität von Buenos Aires, wo er am Institut für Mathematik lehrt. Zugleich arbeitet er als freier Journalist. Er war bereits für die wichtigsten argentinischen Radiosender und die fünf Fernsehsender des Landes tätig. Derzeit leitet er die Fernsehserie *Científicos Industria Argentina*. Er schreibt für verschiedene Zeitschriften und die Tageszeitungen *Clarín*, *Página/12* und *La Nación*. Der erste Band von *Mathematik durch die Hintertür* ist ebenfalls bei Heyne erschienen.

ADRIÁN PAENZA

# Mathematik durch die Hintertür

## Band 2

Vom Möbiusband
zum Pascal'schen Dreieck –
neue spannende Ausflüge
in die Welt der Zahlen

Aus dem argentinischen Spanisch von
Nina Valenzuela Montenegro

WILHELM HEYNE VERLAG
MÜNCHEN

Die Originalausgabe erschien 2006 unter dem Titel
MATEMÁTICA ... ESTÁS AHÍ? EPISODIO 2
bei Siglo XXI Editores Argentina S.A., Buenos Aires.

FSC
Mix
Produktgruppe aus vorbildlich bewirtschafteten Wäldern und anderen kontrollierten Herkünften
Zert.-Nr. SGS-COC-1940
www.fsc.org
© 1996 Forest Stewardship Council

Verlagsgruppe Random House FSC-DEU-0100
Das FSC-zertifizierte Papier
*München Super* für dieses Buch liefert
Arctic Paper Mochenwangen GmbH.

Deutsche Erstausgabe 07/2009


Printed in Germany 2009
Redaktion: Nadine Mutz, Berlin
Umschlaggestaltung: Eisele Grafik-Design, München
Umschlagillustration: Isabel Klett
Satz: C. Schaber Datentechnik, Wels
Druck und Bindung: GGP Media GmbH, Pößneck

ISBN 978-3-453-60117-8

www.heyne.de

*Ich widme dieses Buch einmal mehr meinen Eltern, Ernesto und Fruma, wie ich alles in meinem Leben insbesondere ihnen widme.*
*Meiner Schwester Laura und allen meinen Nichten und Neffen.*
*Meinen Freunden Miguel Davidson, Leonardo Peskin, Miguel Ángel Fernández, Cristian Czubara, Eric Perle, Lawrence Kreiter, Kevin Bryson, Víctor Marchesini, Luis Bonini, Carlos Aimar, Marcelo Araujo, Antonio Laregina, Marcos Salt, Diego Goldberg, Julio Bruetman, Claudio Pustelnik und Héctor Maguregui.*
*Meinen Freundinnen Ana María Dalessio, Nilda Rozenfeld, Teresa Reinés, Alicia Dickenstein, Beatriz Suárez, Nora Bernárdes, Karina Marchesini, Laura Bracalenti, Etel Novacovsky, Marisa Giménez, Mónica Muller, Erica Kreiter, Susy Goldberg, Holly Perle und Carmen Sessa.*
*Meinem besten Freund Carlos Griguol.*
*Im Gedenken an die geliebten Menschen, die ich auf meinem Lebensweg bereits verloren habe: Guido Peskin, meine Tanten Delia, Elena, Miriam und Elenita, meinen Cousin Ricardo und meine mir innig verbundenen Wegbegleiter León Najnudel und Manny Kreiter.*

# Dank

An Diego Golombek, den Herausgeber der Reihe »Ciencia que ladra«. Für seine Freundschaft und den leidenschaftlich geführten Gedankenaustausch. Ich kenne niemanden, der so viel Begeisterungsfähigkeit besitzt. Er schafft ein Monatspensum an einem einzigen Tag.
An Carlos Díaz, den Leiter des Verlags Siglo XXI Editores, für die Großherzigkeit, die er mir gegenüber stets bewiesen hat, und für seinen unstillbaren und unerschöpflichen Wissensdurst.
An Claudio Martínez, der als Erster der Überzeugung war, dass meine Geschichten veröffentlicht werden sollten, und sein Talent und seine Schaffenskraft dafür einsetzte, eine Sendung wie *Científicos Industria Argentina* als Plattform für mich zu schaffen. Ich widme dieses Buch auch allen meinen Kollegen aus der Sendung.
An Ernesto Tenembaum, Marcelo Zlotogwiazda und Guillermo Alfiero für die ständige Ermutigung und den Respekt, den sie mir erweisen.
An diejenigen, die das Buch durchgesehen, kritisiert, mit mir diskutiert und geholfen haben, es besser zu machen. Unendliche Dankbarkeit empfinde ich insbesondere ge-

genüber zwei Personen: Carlos D'Andrea und Gerardo Garbulsky.

An alle Wortführer, Journalisten bei Funk und Fernsehen oder Zeitungen und Zeitschriften, die sich den ersten Band von *Mathematik durch die Hintertür* auf die Fahnen schrieben, die sich für das Buch einsetzten, es förderten und immer wieder in ihren Sendungen zur Sprache brachten. Sie haben die Menschen dazu bewegt, das Buch zu kaufen oder aus dem Internet herunterzuladen. In jedem Fall zeigt uns dieses Beispiel, welche Macht der Journalismus und die Medien besitzen. Sie haben aus einem Mathematikbuch einen Bestseller gemacht, eine gigantische Kampagne von unschätzbarem Wert gestartet, die keiner vorhersehen konnte, die sich über alle Schranken hinwegsetzte und die es so noch nie gegeben hat: Ich weiß, dass der Erfolg ihr Werk ist. Dafür möchte ich allen Kollegen danken!

An die Gemeinschaft aller Mathematiker, die sich die Sache zu eigen gemacht und mich mit Ideen, Vorschlägen, Artikeln und Anmerkungen überschüttet hat. Sie haben mir den Weg gezeigt. Weder im ersten noch im zweiten Band steht für sie etwas Neues (abgesehen von meinen persönlichen Kommentaren). Dennoch war die Zahl an E-Mails, Notizen, Briefen und persönlichen Gesprächen, durch die sie mir bei der Auswahl des Materials und der Präsentation geholfen haben, so überwältigend, dass ich ihnen gar nicht genug danken kann.

An Ernesto Tiffenberg, den Herausgeber von *Página/12*, der mich wagemutig dazu eingeladen hat, einmal wöchentlich die Kolumne »contratapa« (dt. »Letzte Seite«) zu schreiben, und zwar »worüber du willst«. Viele Seiten

dieses Buches sind also zuerst in meiner geliebten Zeitung erschienen.
An Pablo Coll, Pablo Milrud, Juan Sabia, Teresita Krick, Pablo Mislej, Ricardo Durán, Ariel Arbiser, Oscar Bruno, Fernando Cukierman, Jorge Fiora, Roberto Miatello, Eduardo Cattani, Rodrigo Laje, Matías Graña, Leandro Caniglia, Marcos Dajczer, Ricardo Fraimann, Lucas Monzón, Gustavo Stolovitzky, Pablo Amster, Gabriela Jerónimo und Eduardo Dubuc, allesamt Mathematiker (außer Gustavo und Rodrigo), allesamt unverzichtbar für dieses Buch.
An alle meine derzeitigen und ehemaligen Schüler für all das, was sie mir beigebracht haben.
An Santiago Segurola, Alejandro Fabbri, Nelson Castro und Fernando Pacini.
An alle Mitarbeiter von Siglo XXI Editores, besonders an Violeta Collado und Héctor Benedetti, die keine Anstrengung scheuten, um *mich vor meinen eigenen Irrtümern zu bewahren.*
Und schließlich an die vier Menschen, denen ich wegen ihrer tadellosen ethischen Gesinnung bereits den ersten Band gewidmet habe: *Marcelo Bielsa, Alberto Kornblihtt, Víctor Hugo Morales und Horacio Verbitsky*. Sie beweisen täglich: Ja, es ist möglich!

Schwarze Löcher entstehen,
wenn Gott durch null teilt.

STEVEN WRIGHT

# Inhalt

**Wahrscheinlichkeiten, Schätzungen, Kombinationen und Widersprüche** ... 115



**Mathematische Probleme** ... 141



**Die Mathematik ist ein Spiel (oder etwa nicht?)** ... 179

# Vorwort

Die ungleiche Verteilung des Reichtums stellt eine geradezu kriminelle Ungerechtigkeit dar. Einige wenige (wir) besitzen viel, andere viele wenig. Noch viel mehr Menschen besitzen fast nichts. Die Gesellschaft verhielt sich bisher gegenüber Ungerechtigkeit jeglicher Art eher gleichgültig. Es wird zwar darüber berichtet, aber im Allgemeinen beschränkt sich der Schmerz auf eine Art Katharsis, die uns scheinbar von der Schuld »freispricht«. Aber so ist es nicht. Oder so sollte es nicht sein. Soweit nichts Neues.
Reichtum bemisst sich nicht allein nach Geld oder Kaufkraft, sondern auch nach Wissen, oder besser gesagt, eigentlich sollte man dort ansetzen. Der Zugang zum intellektuellen Reichtum ist ein Menschenrecht, steht aber fast immer hinter einem Konglomerat verschiedener Grundbedürfnisse zurück (niemand kann sich um Zugang zum Wissen bemühen, wenn seine Gesundheit, seine Arbeit, ein Dach über dem Kopf und eine Mahlzeit auf dem Teller nicht gesichert sind). Wir haben also alle eine moralische Verpflichtung: für ein kostenloses, der Allgemeinheit zugängliches Bildungssystem sowie die Schulpflicht für Grund- und Sekundarstufe zu kämpfen. Kin-

der und Jugendliche sollen lernen und nicht arbeiten müssen.

Mit der Mathematik verhält es sich ähnlich. Sie ist ein hervorragendes Werkzeug, um denken zu lernen. Mathematik muss nur richtig *erzählt* werden, dann ist sie verführerisch, reizvoll und dynamisch. Sie hilft dabei, gute Entscheidungen zu treffen, oder zumindest bessere. Sie besitzt faszinierende Facetten, die verborgen und nur einer sehr kleinen Gruppe zugänglich erscheinen. Und nun ist es an der Zeit, etwas zu unternehmen, gegen das Vorurteil anzukämpfen, Mathematik sei langweilig oder nur etwas für Auserwählte.

Darum habe ich *Mathematik durch die Hintertür* geschrieben. Weil ich möchte, dass wir ihr eine zweite Chance geben. Weil ich darauf aufmerksam machen möchte, dass wir hier etwas zu Unrecht unter den Teppich kehren. Bisher sind wir, die wir sozusagen das *Sprachrohr* der Mathematik darstellen, kläglich gescheitert. Nicht nur in Argentinien, sondern fast überall auf der Welt.

Jetzt ist die Stunde gekommen, unsere Botschaft zu verändern. Natürlich bin ich nicht der Erste und werde auch nicht der Letzte sein, aber ich möchte mithelfen, den Stein ins Rollen zu bringen, wie ich es mehr als vierzig Jahre lang bei Schülern aller Altersgruppen getan habe. Die Mathematik stellt uns vor Probleme und lehrt uns, Spaß zu haben, wenn wir sie lösen können, aber sie lehrt uns auch, Freude zu empfinden, wenn wir sie *nicht lösen können, aber über sie nachdenken.* Auf diese Weise üben wir, um in Zukunft über vielfältigere und bessere Werkzeuge zu verfügen, weil es uns dabei hilft, im Denken neue Wege zu beschreiten und uns unweigerlich selbst zu verbessern.

*Diese* Möglichkeit müssen wir allen Menschen bieten. Glauben Sie mir, sie haben es verdient.

# Denken lehren

Die akademische Welt lebt vom freien Zugang zum Wissen. Jeder Einzelne trägt (im wahrsten Sinne des Wortes) ein Sandkörnchen dazu bei, und so entstehen die Bausteine. Manchmal tauchen ein Newton, Einstein, Bohr oder Mendel auf, von denen jeder allein dreißig Bausteine schafft, aber im Großen und Ganzen schichtet man Sandkorn um Sandkorn.

ANONYM

Miguel Herrera war ein großer argentinischer Mathematiker, der viele Doktorarbeiten im In- und Ausland betreute. Leider verstarb er sehr früh. Herrera graduierte in Buenos Aires, lebte viele Jahre lang in Frankreich und den Vereinigten Staaten, bevor er in seine Heimat zurückkehrte, wo er bis zu seinem Tod blieb. An dieser Stelle möchte ich eine Anekdote aus unserer gemeinsamen Zeit erzählen, aus der ich Nutzen für mein ganzes Leben zog. Nach meinem Hochschulabschluss (Ende 1969) kehrte ich der Universität einige Jahre lang den Rücken und war ausschließlich als Journalist tätig. Während eines Aufenthalts in Deutschland, genauer gesagt in Sindelfingen, wo sich die argentinische Fußball-Nationalmannschaft aufhielt, ließ ich eines Abends einigen Freunden gegenüber die Bemerkung fallen, dass ich bei meiner Rückkehr nach Argentinien wieder an die Uni gehen würde, weil ich (mit mir selbst) noch eine Rechnung offen hätte: Ich wollte meinen Doktor machen. Ich wollte wieder studieren, um eine Aufgabe abzuschließen, die ohne die Doktorarbeit unvollendet geblieben wäre. Es war eine große Herausforderung für mich, aber doch einen Versuch wert.

Ich gab meinen Beruf als Journalist für einige Zeit auf und widmete mich ausschließlich der Forschung und Lehre der Mathematik. Nach einem Auswahlverfahren bekam ich eine volle Stelle als wissenschaftliche Hilfskraft. Als Doktorvater wählte ich Ángel Larotando, der auch meine Abschlussarbeit betreut hatte. »Pucho«, wie wir Larotando nannten, hatte sehr viele Schüler, die den Doktor machen wollten. Ich erinnere mich an Namen wie Miguel Ángel López, Ricardo Noriega, Patricia Fauring, Flora Gutiérrez, Néstor Búcari, Eduardo Antín, Gustavo Corach und Bibiana Russo.

Eine Promotion war und ist auch heute kein Kinderspiel. Es galt nicht nur, eine Vielzahl von Prüfungen in verschiedenen Fächern zu bestehen, sondern zudem noch eine Arbeit zu schreiben, die *neue Erkenntnisse* bietet, und diese einem Ausschuss von Mathematikern zur Bewertung vorzulegen. Der Betreuer spielt bei dieser Aufgabe eine Schlüsselrolle: Er leitet den Doktoranden nicht nur an, sondern er schlägt ihm (oder ihr) in der Regel auch das Problem vor, das untersucht und schließlich gelöst werden soll.

Da Pucho sehr viele Doktoranden betreute, war es fast unmöglich, für jeden ein Thema zu finden. Wie gesagt brauchte *jeder Doktorand ein eigenes mathematisches Problem*. Jeder solltc sein eigenes Thema bearbeiten. Das Spezialgebiet war Differenzialtopologie. Wir belegten die gleichen Seminare, lernten zusammen, aber es wollten sich einfach keine neuen Themen ergeben.
Schließlich kamen drei von uns (Búcari, Antín und ich) auf die Idee, den Doktorvater zu wechseln. Es ging uns nicht darum, Larotando vor den Kopf zu stoßen, wir wollten einfach *einen anderen Weg* ausprobieren. Ricardo Noriega hatte sich bereits entschieden, für den unglaublichen Luis Santaló zu arbeiten, und sein Beispiel ermunterte und motivierte uns, ebenfalls zu wechseln. Nur, zu wem? Wer hätte genügend Themen zu vergeben? Und auf welchem Gebiet? Denn abgesehen davon, dass wir jemanden brauchten, der guten Willens war und Themen anzubieten hatte, war natürlich der Gegenstand an sich von Bedeutung: Nicht alle Themen sind gleichermaßen interessant, und jeder von uns hatte seine eigenen Neigungen und Vorlieben. Dennoch waren wir bereit, wieder bei null *anzufangen*, wenn uns jemand ein attraktives Angebot machen konnte.
Auf diese Weise trat Miguel Herrera in unser Leben, der gerade nach einigen Forschungsjahren in Frankreich nach Argentinien zurückgekehrt war. Er war für seine Arbeit in Komplexer Analysis international anerkannt, und seine Beiträge auf dem Gebiet waren immer in höchsten Tönen gelobt worden. Miguel hatte zu der Gruppe von Mathematikern gehört, die nach dem Militärputsch unter der Führung von Juan Carlos Onganía im Jahre 1966 emigriert waren. Er verließ das Land unmittelbar

nach der berüchtigten »noche de los bastones largos« (dt. »Nacht der langen Schlagstöcke«). Seine Rückkehr fiel mit einem weiteren schrecklichen Ereignis zusammen, dem grausamsten Militärputsch aller Zeiten, der in Argentinien den bisher schlimmsten Holocaust auslöste.
Aber zurück zu Herrera: Seine Rückkehr war unsere Chance. Er war gerade erst angekommen und hatte noch keine Schüler. Wir suchten ihn in seinem funkelnagelneuen Büro auf und erklärten ihm unsere Lage. Miguel hörte uns aufmerksam zu und gab dann eine für ihn typische Antwort: »Und warum gehen Sie nicht ins Ausland? Warum wollen Sie unter den gegenwärtigen Umständen hier bleiben? Ich kann Sie an verschiedene Universitäten in Frankreich und den USA empfehlen. Meiner Meinung nach wäre das für Sie das Beste.«
Ich glaube, ich war es, der zu ihm sagte: »Miguel, wir sind hier und wir werden das Land jetzt nicht verlassen. Wir möchten Sie fragen, ob Sie uns Themen für eine Doktorarbeit geben können. Wir wissen sehr wenig über Ihr Spezialgebiet, aber wir sind bereit zu lernen. Und was Sie als Betreuer betrifft: Tun Sie einfach so, als wären wir drei französische Studenten, die in Ihr Büro an der Pariser Universität kämen und Sie als ihren Doktorvater wählten: Was würden Sie uns dann antworten? Gehen Sie weg aus Paris?«
Herrera war Universitätsprofessor in Komplexer Analysis. Antín, der von dem Wunsch getrieben war, (unter anderem) Filmkritiker und Fußball-Schiedsrichter zu werden, entschied sich bald, aus dem Projekt auszusteigen. Aber Néstor Búcari (von jetzt an nenne ich ihn bei seinem Spitznamen »Quiquín«) und ich wurden Herreras Assistenten und leiteten die praktischen Übungen in dem

Fach, das er lehrte. *Wenn man etwas wirklich lernen will, muss man es unterrichten …* Dies war unsere erste Begegnung mit unserem Doktorvater. Wir fingen noch einmal ganz von vorne an. Die beste Methode, uns in Erinnerung zu rufen, was wir einst in den Seminaren über Komplexe Analysis gelernt hatten, bestand darin, selbst Unterricht zu geben. Und genau das taten wir.

Aber Quiquín und ich wollten wissen, worum es in unserer Doktorarbeit gehen würde, welches Problem wir zu lösen hätten. Herrera erklärte uns geduldig, dass wir bisher nicht einmal in der Lage seien, die *Problemstellung* zu verstehen, geschweige denn die Lösung in Angriff zu nehmen. Doch aufgrund unserer Erfahrungen mit Pucho, bei dem wir nie zu einem Thema gekommen waren, wollten wir es *unbedingt wissen*.

Als wir eines Tages gemeinsam im Büro Kaffee tranken, schlug Herrera ein Buch auf, das er geschrieben hatte, zeigte uns eine Formel und sagte: »Das ist das erste Problem, das es zu lösen gilt. Diese Formel zu verallgemeinern ist die erste Doktorarbeit für einen von Ihnen.«

Das genügte, um uns für eine Weile zum Schweigen zu bringen. Tatsächlich brachte es uns für eine ziemlich lange Weile zum Schweigen. Als wir das Büro verließen, sahen Quiquín und ich uns an: Wir hatten kein Wort verstanden. Nachdem wir so lange gewartet, den Doktorvater, das Thema, und das Spezialgebiet gewechselt hatten, wussten wir nun zwar unser Thema … aber wir verstanden noch nicht einmal die Problemstellung. Wir hatten keine blasse Ahnung, was wir eigentlich tun sollten.

Wir hatten eine Lektion erteilt bekommen. Von nun an bestand unser Ziel darin, alles zu geben, so viel wie möglich zu lernen, um *erst einmal das Problem zu verstehen*.

Herrera ließ uns dabei natürlich nicht allein. Wir begleiteten ihn nicht nur in seinen Lehrveranstaltungen, er versorgte uns auch ständig mit Material. Er brachte uns *papers* mit, die er oder ein anderer Experte auf dem Gebiet geschrieben hatte, und sorgte dafür, dass wir uns mit der Terminologie, der Sprache und den Lösungswegen, die es für andere ähnliche Probleme gab, vertraut machten. So begaben wir uns allmählich in das Labyrinth der Komplexen Analysis. Zum einen unterrichteten wir und lernten nahezu zeitgleich mit unseren Schülern. Wir lösten die Übungen und lasen so viel wie möglich über das Thema. Zum anderen erweiterten wir unter seiner Leitung unseren Wissensstand.
Quiquín war ein hervorragender Wegbegleiter. Als wahres Naturtalent hatte er eine schnellere Auffassungsgabe als ich und war als Zugpferd unersetzlich. Ich selbst besaß weniger Vorkenntnisse und weniger Begabung und war auf Fleiß und Ausdauer angewiesen. Darin bestand und besteht mein Beitrag zu unserer gemeinsamen Arbeit. Er brachte das Talent und die Kreativität mit, ich die Beharrlichkeit und Disziplin. Wir trafen uns jeden Morgen um acht. Ob es regnete oder der Kater der vorhergehenden Nacht uns quälte, um acht Uhr morgens saßen wir in unserem Büro, bereit, uns in die Arbeit zu stürzen. Für mich als Autobesitzer war das um einiges leichter. Quiquín hatte einen weiteren Weg und musste den Bus nehmen, manchmal auch umsteigen.
Den Ansporn dazu gab Miguel, der pünktlich um acht, wenn wir es uns gerade an unseren Schreibtischen bequem gemacht hatten, bei uns anklopfte, um zu sehen, was wir am Tag zuvor geschafft hatten: auf welche Schwierigkeiten wir gestoßen waren, ob wir Hilfe benötigten.

Der tägliche Gedankenaustausch diente uns dazu, zahlreichen komplizierten Situationen und schwierigen Momenten, in denen wir *nichts verstanden*, uns nichts gelang und wir einfach nicht weiterkamen, die Stirn zu bieten. Indem wir uns konsequent jeden Tag trafen, gelang es uns, ein Netz zwischen uns dreien zu spannen, das uns in all den frustrierenden und verdrießlichen Momenten auffing.

Unser Thema hatten wir nun. Danach brauchten wir Herrera nicht mehr zu fragen. Jetzt war es an uns, zu lernen, zu lesen und zu forschen. Wir mussten uns anstrengen und *versuchen zu verstehen*. Quiquín und ich hatten großes Vertrauen zu Miguel. Unsere Anerkennung verdiente er sich nicht durch sein enormes Prestige, sondern seine Arbeitsleistung und Zuverlässigkeit. Miguel war jeden Tag für uns da.

An einem dieser unzähligen Morgen, die wir zusammen verbrachten, sahen Quiquín und ich uns beim Kaffeetrinken plötzlich an. Einer von uns hatte etwas gesagt, das uns das Gleiche denken ließ. Wir hatten soeben das Problem verstanden! Es kostete uns ein Jahr, um zu begreifen, was überhaupt zu tun war. Ein Wendepunkt in unserem Leben: Endlich hatten wir es verstanden! Ich betone das nachdrücklich, weil es ein besonders glücklicher Tag in unserem Leben war.

Ein paar Monate später glaubten wir plötzlich, die Lösung für ein Problem gefunden zu haben, an dem sich die Mathematiker bereits seit Jahrhunderten versuchten. War das die Möglichkeit! Wir mussten einen Fehler gemacht haben. Dass wir ein mathematisches Problem gelöst hatten, über das Experten in aller Welt seit so langer Zeit forschten, war äußerst unwahrscheinlich. Unsere

Annahme, wir hätten uns geirrt oder etwas missverstanden, war plausibler, als zu glauben, wir hätten uns in der Welt der Mathematik unsterblich gemacht. Aber wir konnten keinen Fehler finden!

Als wir an diesem Abend nach Hause gingen, konnten wir es kaum erwarten, Miguel am nächsten Morgen zu sehen. Er musste uns erklären, wo unser Irrtum lag. Um acht Uhr klopfte Miguel wie gewohnt bei uns an, und wir stürzten zur Tür, um ihm zu öffnen. Wir erzählten ihm von unserem Problem und baten ihn, uns zu erklären, wo der Fehler lag. Er kniff die Augen zusammen, und mit einem Lächeln sagte er: »Jungs, da kann was nicht stimmen!« So weit waren wir auch schon. Wir wussten ja, dass es einen Fehler geben musste. Er begann mit seinen Erläuterungen, doch wir konnten jedes seiner Argumente widerlegen. Er kritzelte mit der gelben Kreide, mit der wir uns immer die Finger schmutzig machten, auf der Tafel herum, aber es nützte nichts. Schließlich verstummte er und begann nachzudenken. Er setzte sich auf den Sessel in unserem Büro, nahm sein Buch zur Hand, das Buch, das er selbst geschrieben hatte, und las *seine eigenen Gedankengänge* wieder und wieder durch. Dann sagte er einen Satz, den ich zu den erhellendsten zähle, die ich je gehört habe: *»Das verstehe ich nicht.«* Eine ganz besondere Stille breitete sich aus.

Wie bitte? Miguel verstand etwas nicht? Und dabei hatte er es doch selbst geschrieben! Wie war es möglich, dass er *seine eigenen Gedanken* nicht verstand?

Diese Lektion habe ich nie vergessen. Miguel legte eine *Sicherheit* an den Tag, die erstaunlich war: Er besaß die Fähigkeit zu zweifeln, auch an sich selbst. Keiner von uns *hätte je an ihm gezweifelt*. Niemals hätten wir angenommen, *er habe* sein Buch *nicht selbst geschrieben.* Nein. Miguel demonstrierte, dass er so war wie wir alle ... *fehlbar.* Und darin bestand die Lektion. Was ist schon dabei, wenn man etwas *nicht versteht*? War Miguel jetzt ein schlechterer Mensch oder ein Esel, weil er etwas nicht verstand? Nein. Und das, obwohl er es sich geleistet hatte, vor zwei Doktoranden zuzugeben, dass er etwas, das *er selbst* geschrieben hatte, nicht verstand.

Miguel nahm das Material mit in sein Büro, dachte ein paar Tage darüber nach und fand natürlich den Fehler. Quiquín und ich wurden nicht berühmt, und er erklärte uns, wo unser Irrtum lag.

Nach einiger Zeit bekamen wir unseren Doktor, aber das ist in diesem Fall das Geringste.

Miguel hatte uns eine Lektion fürs Leben erteilt, ohne es zu wollen geschweige denn zu bemerken: ein großer Mann.

# Die Zahlen in der Mathematik

Ein Mathematiker ist wie ein Maler oder ein Dichter Schöpfer von Mustern. Wenn seine Muster dauerhafter sind als ihre, dann liegt dies darin begründet, dass sie aus Ideen gemacht sind. Ein Maler schafft Muster aus Formen und Farben, ein Dichter aus Worten ... Ein Mathematiker hingegen hat (im Unterschied zu einem Dichter) als Arbeitsmaterial einzig seine Ideen, und seine Muster sind tendenziell beständiger, da sich Ideen weniger verbrauchen als Worte.

G. H. HARDY, *A MATHEMATICIAN'S APOLOGY* (1940)

## Einige mathematische Kuriositäten und (nach Möglichkeit) ihre Erklärung

Wenn man 111.111.111 mit sich selbst multipliziert, also quadriert, erhält man folgende Zahl:

12.345.678.987.654.321

Bei rechter Überlegung ist dieses Ergebnis auch nicht anders zu erwarten. Denken Sie einmal darüber nach, wie

die Multiplikation zweier Zahlen funktioniert: Man multipliziert jede Ziffer der zweiten Zahl mit *allen Ziffern* der ersten und schreibt die Ergebnisse jeweils nach rechts versetzt übereinander.
Da die Ziffern der zweiten Zahl alle Einsen sind, geschieht Folgendes: Man wiederholt die *erste Ziffer immer wieder*, jedoch jeweils um eine Stelle nach rechts verschoben, und wenn man die übereinandergeschriebenen Zahlen nun addiert, erhält man das oben genannte Ergebnis:

12.345.678.987.654.321

Was nun folgt, ist wahrhaftig eine Kuriosität, und wenn ich sie auch nicht erklären kann, so ist sie doch ganz hübsch:
Nehmen Sie die Zahl

1.741.725

Erheben Sie jede einzelne Ziffer in die siebte Potenz und zählen Sie die Ergebnisse zusammen, also:

$$1^7 + 7^7 + 4^7 + 1^7 + 7^7 + 2^7 + 5^7$$

Zu welchem Ergebnis sind Sie gekommen?
Wenn Sie die Geduld (oder einen Taschenrechner) hatten, es auszurechnen, erhielten Sie: 1.741.725.

Wählen Sie nun *eine beliebige dreistellige* Zahl, zum Beispiel:

472

Konstruieren Sie eine neue Zahl, indem Sie diese einfach *zweimal hintereinander* schreiben. In diesem Fall:

472.472

Und jetzt teilen Sie die Zahl durch 7. Das Ergebnis lautet:

67.496

Nun dividieren Sie diese Zahl durch 11 und erhalten:

6.136

Teilen Sie diese Zahl wiederum durch 13.
Und Sie erhalten …

472!

Also die Ausgangszahl.
Aber warum verhält es sich so? Und gilt diese Regel für jede beliebige andere Zahl?
Bevor wir zur Antwort kommen, machen wir uns zunächst klar, dass wir bei unserem Rechengang durch die Zahl 7 geteilt und ein glattes Ergebnis erhalten haben. Anschließend dividierten wir durch 11 und es kam wieder eine ganze Zahl heraus. Am Ende erhielten wir eine Zahl, die sich als ein Vielfaches von 13 herausstellte.
Bevor Sie nun eifrig nachlesen, warum dies bei *allen* dreistelligen Zahlen der Fall ist, schlage ich vor, dass Sie zuerst selbst ein wenig über die Lösung nachdenken. Es ist viel schöner, es einmal alleine zu versuchen, auch wenn man nicht auf das Ergebnis kommt, anstatt wie ich bloß nachzuschlagen. Denn wo wäre sonst der Reiz?

*Lösung:*

Wir gingen von einer Zahl mit drei Ziffern aus. Nennen wir sie

*abc*

Anschließend schrieben wir diese zweimal hintereinander:

*abcabc*

Im nächsten Schritt dividierten wir diese Zahl zunächst durch 7, dann durch 11 und schließlich durch 13. Und bei jedem Rechengang erhielten wir ein glattes Ergebnis ohne Rest!
Die Zahl *abcabc* muss folglich ein *Vielfaches* von 7, 11 und 13 sein sowie ein Vielfaches des *Produkts* dieser drei Zahlen.[1] Und das lautet:

$$7 \cdot 11 \cdot 13 = 1.001$$

Warum aber ist die Zahl, um die es uns geht, ein Vielfaches von 1.001? Anders gefragt: Auf welches Ergebnis kommt man, wenn man die Zahl *abc* mit 1.001 *multipliziert*? (Machen Sie bitte erst die Rechnung und lesen Sie dann weiter.)

$$abc \cdot (1.001) = abcabc$$

**1** Die Begründung lautet: Wenn eine Zahl zum Beispiel ein Vielfaches von 3 und 5 ist, muss sie ein Vielfaches der Zahl 15 sein, die ein Produkt von 3 und 5 darstellt. Das liegt daran, dass alle hier genannten Zahlen *Primzahlen* sind. Denken Sie einmal darüber nach. Die Zahl 12 beispielsweise ist ein Vielfaches von 4 und von 6, aber sie ist *kein* Vielfaches von 24 (dem Produkt von 4 und von 6). Wenn die fraglichen Zahlen aber *Primzahlen* sind, dann stimmt das Ergebnis.

Sie haben die Lösung soeben herausgefunden. Wenn man einer beliebigen dreistelligen Zahl *(abc)* dieselbe Ziffernfolge noch einmal voranstellt, ist das Ergebnis *(abcabc)* ein Vielfaches von 1.001. Und wenn man die Zahl *abcabc* durch 1.001 teilt, lautet das Ergebnis *abc*.[2]
Es ist und bleibt eine Kuriosität, obwohl ein gutes Stück Logik darin enthalten ist … und auch ein wenig Mathematik.

## Wie man ohne Einmaleins multipliziert

Folgendes Beispiel wird Kindern gefallen, die das Einmaleins nicht lernen wollen. Ich möchte gleich hinzufügen, dass ich sie gut verstehen kann, denn anfangs bleibt einem nichts anderes übrig, als sich der »Autorität« des Lehrers/der Lehrerin unterzuordnen und alles auswendig zu lernen, obwohl der Sinn des Ganzen (für das Kind) völlig unklar ist. Hier also folgt eine »alternative« Methode der Multiplikation, durch die man das Produkt zweier beliebiger Zahlen berechnen kann, ohne das Einmaleins zu beherrschen. Man muss nur

a) mit zwei multiplizieren (also verdoppeln)
b) durch zwei teilen und
c) addieren können.

Die Methode ist nicht neu, allenfalls aus der Mode gekommen bzw. in Vergessenheit geraten. Bereits die Ägyp-

2 Hinweis: Wenn man eine Zahl mit drei Ziffern mit 1.001 multipliziert, erhält man dieselbe Zahl zweimal hintereinander.

ter multiplizierten auf diese Weise, und in vielen Gebieten Russlands ist die Methode heute noch verbreitet. Man kennt sie auch unter dem Namen *Bauernmultiplikation*. Auf allgemeine Erklärungen werde ich im Folgenden verzichten, denn ein Beispiel reicht zum Verständnis völlig aus.

Nehmen wir an, Sie wollen 19 mit 136 multiplizieren. Dafür richten Sie sich zwei Spalten ein, wobei Sie die eine unter der 19 und die andere unter der 136 anlegen. In der Spalte unter der 19 teilen Sie durch 2, wobei Sie »ignorieren« können, ob jeweils ein Rest bleibt oder nicht. Als Erstes schreiben Sie unter die 19 eine 9 – wenn man 19 durch 2 teilt, ist das Ergebnis zwar nicht genau 9, aber man braucht den Rest (1) nicht zu beachten und dividiert weiter durch 2. Als Nächstes notieren Sie unter die 9 die Zahl 4, teilen erneut durch 2, mit dem Ergebnis 2, und nach einer weiteren Division bleibt eine 1. Hier hören wir auf.
Die Spalte sieht nun folgendermaßen aus:

19
9
4
2
1

In der Spalte unter der 136 teilen Sie nicht durch 2, sondern multiplizieren mit 2 und schreiben die Ergebnisse neben die erste Spalte. Damit ergibt sich folgendes Bild:

| | |
|---|---|
| 19 | 136 |
| 9 | 272 |
| 4 | 544 |
| 2 | 1.088 |
| 1 | 2.176 |

Wenn Sie auf der Ebene der 1 in der linken Spalte angekommen sind, hören Sie auf, die Zahlen in der Spalte unter der 136 zu verdoppeln. Dieses Verfahren ist doch wirklich sehr einfach, oder? Wir haben nichts anderes getan, als in der linken Spalte durch 2 zu teilen und in der rechten mit 2 zu multiplizieren. Und jetzt addieren Sie die Zahlen der rechten Spalte, aber nur diejenigen, die einer ungeraden Zahl in der linken Spalte gegenüberstehen. In unserem Fall:

| | |
|---|---|
| 19 | 136 |
| 9 | 272 |
| 4 | ~~544~~ |
| 2 | ~~1.088~~ |
| 1 | 2.176 |

Wenn wir also nur die Partner der ungeraden Zahlen zusammenzählen, lautet das Ergebnis

$$136 + 272 + 2.176 = 2.584$$

Und dies ist (exakt!) das Produkt von 19 mal 136.

Noch ein Beispiel:
Multiplizieren wir nun 375 mit 1.517. Vorab möchte ich Ihnen verraten, dass es egal ist, welche der beiden Zah-

len man mit 2 multipliziert oder dividiert. Daher schlage ich zur Arbeitsersparnis vor, wir nehmen die 375 als »Kopf« der Spalte für die Division durch 2. Unser Ergebnis lautet:

| | |
|---:|---:|
| 375 | 1.517 |
| 187 | 3.034 |
| 93 | 6.068 |
| 46 | 12.136 |
| 23 | 24.272 |
| 11 | 48.544 |
| 5 | 97.088 |
| 2 | 194.176 |
| 1 | 388.352 |

Nun müssen wir die Zahlen der zweiten Spalte, denen ungerade Zahlen in der ersten Spalte gegenüberstehen, addieren:

| | |
|---:|---:|
| 375 | 1.517 |
| 187 | 3.034 |
| 93 | 6.068 |
| 46 | ~~12.136~~ |
| 23 | 24.272 |
| 11 | 48.544 |
| 5 | 97.088 |
| 2 | ~~194.176~~ |
| 1 | 388.352 |
| | 568.875 |

Und 568.875 ist exakt das Produkt, das wir berechnen wollten.

Denken Sie nun einmal darüber nach, wie diese Methode funktioniert, mit deren Hilfe wir um das Einmaleins herumkommen (nur mit 2 müssen wir natürlich multiplizieren können).

*Erklärung:*

Wenn man eine Zahl in binärer Schreibweise darstellen möchte, muss man sie immer wieder durch 2 teilen und jeweils den Rest notieren. Zum Beispiel:

$$\begin{aligned}
173 &= \mathbf{86} \cdot 2 + 1 \\
86 &= \mathbf{43} \cdot 2 + 0 \\
43 &= \mathbf{21} \cdot 2 + 1 \\
21 &= \mathbf{10} \cdot 2 + 1 \\
10 &= \mathbf{5} \cdot 2 + 0 \\
5 &= \mathbf{2} \cdot 2 + 1 \\
2 &= \mathbf{1} \cdot 2 + 0 \\
1 &= \mathbf{0} \cdot 2 + 1
\end{aligned}$$

Demnach sieht die Zahl 173 folgendermaßen aus (wenn man den Rest jeweils von unten nach oben aneinanderreiht):

10101101

Nehmen wir nun an, man will 19 mit 136 multiplizieren. Weiter oben hatten wir die Zahl 19 ja immer weiter durch 2 dividiert:

$$
\begin{aligned}
19 &= \mathbf{9} \cdot 2 + \boxed{1} \\
9 &= \mathbf{4} \cdot 2 + \boxed{1} \\
4 &= \mathbf{2} \cdot 2 + \boxed{0} \\
2 &= \mathbf{1} \cdot 2 + \boxed{0} \\
1 &= \mathbf{0} \cdot 2 + \boxed{1}
\end{aligned}
$$

Das heißt, man erhält die binäre Schreibweise von 19, indem man sich jeweils den Rest von unten nach oben notiert. Unsere Zahl lautet demnach

10011

Auf der anderen Seite besagt diese Schreibweise auch, dass sich die Zahl 19 folgendermaßen darstellen lässt:

$$19 = 1 \cdot 2^4 + 0 \cdot 2^3 + 0 \cdot 2^2 + 1 \cdot 2^1 + 1 \cdot 2^0 = (16 + 2 + 1)$$

Wenn man also 19 mit 136 multiplizieren soll, nutzen wir die *binäre* Schreibung der 19 und notieren:

$$19 \cdot 136 = 136 \cdot 19 = 136 \cdot (16 + 2 + 1) =$$

(Nun setzen wir das Distributivgesetz der Multiplikation ein und erhalten:)

$$= (136 \cdot 16) + (136 \cdot 2) + (136 \cdot 1) =$$
$$2.176 + 272 + 136 = 2.584$$

Dies erklärt die Funktionsweise dieser Multiplikationsmethode. Im Grunde benutzen wir, ohne uns dessen bewusst zu sein, die Binärschreibweise der Zahlen.

Sehen wir uns das nächste Beispiel an (375 · 1.517):

$$
\begin{array}{rrl|c|}
\hline
375 = & \mathbf{187} & \cdot 2 + & 1 \\
187 = & \mathbf{93} & \cdot 2 + & 1 \\
93 = & \mathbf{46} & \cdot 2 + & 1 \\
46 = & \mathbf{23} & \cdot 2 + & 0 \\
23 = & \mathbf{11} & \cdot 2 + & 1 \\
11 = & \mathbf{5} & \cdot 2 + & 1 \\
5 = & \mathbf{2} & \cdot 2 + & 1 \\
2 = & \mathbf{1} & \cdot 2 + & 0 \\
1 = & \mathbf{0} & \cdot 2 + & 1 \\
\hline
\end{array}
$$

Die *binäre* Schreibung von 375 lautet also

$$375 = 101110111$$

Das heißt:

$$
\begin{aligned}
375 &= 1 \cdot 2^8 + 0 \cdot 2^7 + 1 \cdot 2^6 + 1 \cdot 2^5 + 1 \cdot 2^4 \\
&\quad + 0 \cdot 2^3 + 1 \cdot 2^2 + 1 \cdot 2^1 + 1 \cdot 2^0 = \\
&= 256 + 64 + 32 + 16 + 4 + 2 + 1 \quad (*)
\end{aligned}
$$

Wenn man nun 1.517 mit 375 multiplizieren möchte, muss man die Zahl 375 so zerlegen wie in (*) dargestellt.
Also:

$$1.517 \cdot 375 = 1.517 \cdot (256 + 64 + 32 + 16 + 4 + 2 + 1) =$$

Wir setzen wieder das Distributivgesetz der Multiplikation ein:

$$= (1.517 \cdot 256) + (1.517 \cdot 64) + (1.517 \cdot 32) + (1.517 \cdot 16) + (1.517 \cdot 4) + (1.517 \cdot 2) + (1.517 \cdot 1)$$

$$= 388.352 + 97.088 + 48.544 + 24.272 + 6.068 + 3.034 + 1.517$$

Und erhalten genau dieselben Summanden wie oben.

Durch die binäre Schreibweise können wir also eine der beiden Zahlen, die wir multiplizieren wollen, zerlegen und dadurch erkennen, wie oft man die andere Zahl jeweils *verdoppeln* muss.

## Wie man ohne Einmaleins dividiert

Diesem Abschnitt möchte ich zunächst ein paar einleitende Worte voranstellen.
Als ich mich entschied, den vorangehenden Artikel (über die Multiplikation ohne Einmaleinskenntnisse) in das Buch aufzunehmen, nahm ich mir vor, eine ähnliche Methode für die Division zu entwickeln. Die Frage war also: Wie kann man zwei Zahlen dividieren, ohne mit dem Einmaleins zu arbeiten?
Ich erzählte Pablo Coll und Pablo Milrud, zwei befreundeten exzellenten Mathematikern, von dem Problem. Ich erklärte ihnen, dass ich frustriert sei und das Gefühl hätte, die Aufgabe nicht vollständig gelöst zu haben. Nach einigen Überlegungen und Diskussionen machten sie einen Vorschlag, den wir uns gemeinsam ansahen und noch einmal analysierten. Ich möchte Ihnen hier eine sehr gute Version vorstellen, auf die die beiden Pablos gekommen

sind, denen also sämtlicher Ruhm gebührt. Sicherlich wird sie auch Lehrern als Anregung dienen, die sie verbessern oder als Hilfsmittel benutzen können.
Ich sollte an dieser Stelle betonen, dass es nicht darum geht, das Einmaleins zu vergessen, sondern darüber zu diskutieren, ob es sich lohnt, die Schüler der »virtuellen Folter« zu unterziehen, eine Menge Zahlen auswendig zu lernen, und das in einem Alter, in dem sie die Zeit und Energie anderen Dingen widmen könnten, während wir hoffen, dass sie im Verlauf des natürlichen Reifeprozesses von allein darauf kommen, worum es beim Einmaleins geht und wozu es nützlich ist. Da man jedoch nicht so lange warten kann (und will), den Kindern das Multiplizieren und Dividieren beizubringen, gilt es alternative Methoden zu finden. Sicherlich gibt es noch bessere als unsere, weshalb ich Sie um Ideen und Vorschläge bitte.
Jetzt aber los!

Wenn man beim Dividieren auf das Einmaleins verzichten möchte, genügt es, addieren, subtrahieren und mit 2 multiplizieren zu können. Das ist schon alles.
Ich bitte Sie, mir zu vertrauen, denn obwohl die Methode anfangs kompliziert erscheinen mag, ist sie doch in Wirklichkeit sehr viel einfacher als das konventionelle Divisionsverfahren. In jedem Fall ist es lohnenswert, sich einmal damit zu beschäftigen, und sei es nur, weil sie eine Alternative zur *klassischen* Methode bietet, die wir in der Schule gelernt haben.
Statt mich nun mit all den Fachausdrücken aufzuhalten, die ein Schul- oder Mathematikbuch bieten müsste, möchte ich einfach einige Beispiele mit steigendem Schwierigkeitsgrad vorführen.

Bei dieser Methode arbeitet man mit vier Zahlenspalten, ausgehend von den beiden Zahlen, die der Rechnung zu Grunde liegen.

*1. Beispiel*

Wenn ich 712 durch 31 teilen will, fülle ich zuerst die erste, dann die vierte Spalte aus:

| | | | |
|---|---|---|---|
| 31 | | | 1 |
| 62 | | | 2 |
| 124 | | | 4 |
| 248 | | | 8 |
| 496 | | | 16 |
| 712 | | | |

In der ersten Spalte beginne ich mit der Zahl, durch die wir teilen wollen, in diesem Fall mit der 31. Von ihr ausgehend bewege ich mich in der Spalte nach unten und multipliziere bei jedem Schritt mit 2. Können Sie sich erklären, warum ich ausgerechnet bei 496 aufhöre? Weil ich sonst eine Zahl (992) erhielte, die größer als 712 ist (die Zahl, die ich ursprünglich teilen wollte). Statt 992 schreibe ich daher 712. Um die erste Spalte auszufüllen, muss ich folglich nur mit 2 multiplizieren können und rechtzeitig aufhören, bevor das Ergebnis unsere zweite Zahl übersteigt.
Die vierte Spalte erhalte ich auf dem gleichen Weg wie die erste, nur dass ich statt mit der 31 mit der Zahl 1 beginne. Wie in der Tabelle deutlich wird, tauchen nun die

verschiedenen Potenzen der Zahl 2 auf. Ich höre an der gleichen Stelle auf wie beim ersten Mal. Wieder genügt es, mit 2 multiplizieren zu können.
Die beiden mittleren Spalten werden folgendermaßen ausgefüllt:

| | | | |
|---|---|---|---|
| 31 | | 30 | 1 |
| 62 | 30 | | 2 |
| 124 | 92 | | 4 |
| 248 | | 216 | 8 |
| 496 | 216 | | 16 |
| 712 | | | |

Für diesen Schritt benötigen wir lediglich Kenntnisse der Subtraktion. Ich fange unten an und ziehe von der Zahl, die wir dividieren wollen (712), die vorletzte Zahl der ersten Spalte (496) ab. Das Ergebnis, 216, schreibe ich in zweite Spalte. Jetzt vergleiche ich die 216 mit der 248. Da wir nicht subtrahieren können (weil 216 kleiner als 248 ist und wir nur mit positiven Zahlen arbeiten), schreiben wir die 216 in die dritte Spalte.
Jetzt gehe ich nach oben weiter (und schaue mir dabei zum Vergleich immer die erste Spalte an): Da 216 größer als 124 ist, subtrahiere ich. Das Ergebnis (92) schreibe ich in die zweite Spalte. Der nächste Schritt: 92 ist größer als 62, daher ziehe ich 62 ab und erhalte 30. Diese Zahl notiere ich erneut in der zweiten Spalte. Da 30 kleiner als 31 ist, kann ich nun nicht mehr subtrahieren und schreibe die 30 wieder in die dritte Spalte.
Jetzt sind wir schon fast am Ziel. Es fehlt nur noch ein Schritt. Wir sind uns sicher einig, dass der Rechengang

bisher sehr einfach war. Zum Schluss müssen wir nur noch die Zahlen in der vierten Spalte addieren, die einen Partner in der zweiten Spalte besitzen. Also:

$$2 + 4 + 16 = 22$$

Dies ist die Zahl, nach der wir gesucht haben.
Das Ergebnis der Division von 712 durch 31 ist also 22, mit einem Rest von 30, der Zahl in der dritten Spalte. Prüfen Sie es ruhig nach:

$$31 \cdot 22 = 682$$

Wie oben erwähnt, ist der Rest 30. Also:

$$682 + 30 = 712$$

Und damit ist der Rechengang beendet, den ich noch einmal kurz zusammenfassen möchte: Wir arbeiten mit insgesamt vier Spalten. In der ersten und vierten Spalte multiplizieren wir mit 2. In der ersten Spalte beginnen wir mit der Zahl, durch die wir dividieren wollen. In der vierten gehen wir von der 1 aus.
In den mittleren Spalten notieren wir die Ergebnisse der Subtraktionen. Wenn wir subtrahieren können, dann kommt das Ergebnis in die zweite Spalte. Wenn nicht, wird die Zahl in die dritte Spalte geschrieben. Man erhält den gesuchten Quotienten, indem man die Zahlen der vierten Spalte addiert, bei denen jeweils ein Partner in der zweiten Spalte vorhanden ist. Und als Rest ist die Zahl zu verstehen, die in der zweiten oder dritten Spalte übrig bleibt.

*2. Beispiel*

Für die Division von 1.354 durch 129 schreibe ich gleich die Tabelle auf:

| | | | |
|---|---|---|---|
| 129 | | 64 | 1 |
| 258 | 64 | | 2 |
| 516 | | 322 | 4 |
| 1.032 | 322 | | 8 |
| 1.354 | | | |

Die Zahl 322 in der zweiten Spalte ist das Ergebnis der Subtraktion 1.354 – 1.032. Da 322 kleiner als 516 ist, muss ich sie in die dritte Spalte übernehmen. 322 ist größer als 258, daher nehme ich eine Subtraktion vor, und das Ergebnis schreibe ich in die zweite Spalte. 64 ist wiederum kleiner als 129 und kommt in die dritte Spalte. Und damit ist die Tabelle fertig.

Jetzt müssen wir nur noch den Quotienten und den Rest berechnen. Der Quotient ergibt sich, indem man diejenigen Zahlen der vierten Spalte, die in der zweiten Spalte einen Partner haben (das heißt, bei denen in der gleichen Zeile die zweite Spalte ausgefüllt ist) zusammenzählt. Der Quotient lautet in diesem Fall:

$$2 + 8 = 10$$

Die erste Zahl in der dritten Spalte ist der Rest, in diesem Fall 64.

Wir haben also den Quotienten von 1.354 durch 129 ermittelt, nämlich 10, mit einem Rest von 64. Prüfen Sie es ruhig selbst nach.

*3. Beispiel*

Nun wollen wir 13.275 durch 91 teilen. Ich erstelle die Tabelle so wie bei den vorhergehenden Beispielen:

| | | | |
|---|---|---|---|
| 91 | 80 | | 1 |
| 182 | | 171 | 2 |
| 364 | | 171 | 4 |
| 728 | | 171 | 8 |
| 1.456 | 171 | | 16 |
| 2.912 | | 1.627 | 32 |
| 5.824 | | 1.627 | 64 |
| 11.648 | 1.627 | | 128 |
| 13.275 | | | |

Mithilfe der Tabelle errechnen wir den Quotienten und den Rest. Der Quotient ergibt sich wieder aus der Summe der Zahlen in der vierten Spalte, die einen Partner in der zweiten Spalte haben. Also:

$$1 + 16 + 128 = 145$$

Um den Rest zu bestimmen, sehen wir uns an, welche Zahl am Ende übrig bleibt, in diesem Fall die 80.
Probe:

$$145 \cdot 91 = 13.195$$
$$13.195 + 80 = 13.275$$

*Letztes Beispiel*

Ich möchte 95.837 durch 1.914 teilen. Ich erstelle dafür folgende Tabelle:

| | | | |
|---|---|---|---|
| 1.914 | | 137 | 1 |
| 3.828 | 137 | | 2 |
| 7.656 | | 3.965 | 4 |
| 15.312 | | 3.965 | 8 |
| 30.624 | 3.965 | | 16 |
| 61.248 | 34.589 | | 32 |
| 95.837 | | | |

Die Zahl 34.589 ist das Ergebnis der Subtraktion von 95.837 minus 61.248. 3.965 ergibt sich aus 34.589 minus 30.624. Da 3.965 kleiner ist als 15.312 und auch kleiner als 7.656, habe ich sie zweimal in die dritte Spalte eingetragen. 3.965 ist aber größer als 3.828, ich kann also subtrahieren und erhalte 137. Diese Zahl ist kleiner als 1.914, sie bleibt also und kommt in die dritte Spalte.
Der Quotient ergibt sich, indem man die Zahlen in der vierten Spalte, die einen Partner in der zweiten Spalte besitzen, addiert. In diesem Falle:

$$2 + 16 + 32 = 50$$

Der Rest lässt sich aus der letzten Zahl am Ende unseres Rechengangs ablesen (die in Spalte zwei oder drei erscheinen kann). Hier ist er 137.
Probe:

$$1.914 \cdot 50 = 95.700$$

Ich rechne den Rest hinzu:

$$95.700 + 137 = 95.837$$

Und damit erhalte ich das gewünschte Ergebnis.

Abschließend noch ein paar Anmerkungen:

a) Aus Platzgründen erkläre ich an dieser Stelle nicht, warum die Methode funktioniert. Für alle, die es interessiert: Sie brauchen nur die Schritte jeder üblichen Division durchzuführen. Unsere Methode funktioniert genauso wie die, die man aus der Grundschule kennt, nur dass wir »insgeheim« die binären Zahlen verwenden.
b) Es geht mir nicht nur darum, diese Methoden zur Division und/oder Multiplikation vorzuschlagen, wenn man nicht auf das Einmaleins zurückgreifen kann. Vor allem möchte ich zeigen, dass es eben alternative Methoden gibt. Ich glaube, man sollte sie einmal erkunden, damit der *Unterricht in den Grundrechenarten* am Ende für niemanden zur Qual wird.

## Eine Schubkarre voller Münzen

Wie oft am Tag stellen wir *Schätzungen* an und merken es gar nicht?
Tatsächlich stellen wir den ganzen Tag, das ganze Leben lang andauernd Schätzungen an. Ich werde es Ihnen gleich beweisen.

Wenn wir aus dem Haus gehen, *schätzen* wir, wie viel Geld wir an diesem Tag wohl brauchen. (Natürlich nur, wenn wir Geld haben und irgendwohin gehen, wo man es ausgeben kann. Aber nehmen wir einmal an, dass beide Bedingungen erfüllt sind.) Außerdem *schätzen* wir, wie viel Zeit wir für den Weg einplanen müssen. Wir *schätzen*, ob es sich lohnt, auf den Aufzug zu warten, der länger als sonst braucht, oder ob wir lieber die Treppe nehmen. Und wir *schätzen*, ob es besser ist, mit dem Bus oder mit dem Taxi zu fahren, je nachdem, wie viel Zeit wir haben. Wenn beim Überqueren der Straße Autos kommen, *schätzen* wir, ob wir es noch über die Straße schaffen oder ob wir lieber warten. Ohne dass wir uns darüber bewusst sind, *schätzen* wir die Schnelligkeit des Autos, das von links kommt, und vergleichen sie mit unserer eigenen *Geschwindigkeit* beim Überqueren der Straße. Wenn wir mit dem Auto fahren, *schätzen* wir ab, wann wir bremsen und wann wir beschleunigen müssen. Oder wir *schätzen*, ob wir die Ampel noch bei Grün oder Gelb schaffen oder lieber anhalten. Wir *schätzen* auch, wie viele Zigaretten wir kaufen sollen, wie viele wir am Tag rauchen. Wir *schätzen*, wie viel wir bei dem, was wir essen, zunehmen. Wir *schätzen*, zu welcher Kinovorstellung wir es noch rechtzeitig schaffen. *Wir schätzen und schätzen und schätzen*, dann fällen wir eine Entscheidung.

Ich glaube, wir sind uns darin einig, dass wir *andauernd schätzen*, ohne uns dessen bewusst zu sein. Wir sind darauf trainiert, auf Autopilot zu schalten, und handeln automatisch, aber sobald wir uns ein wenig von den alltäglichen gewohnten Bahnen entfernen sollen, geraten wir ins Schleudern. Natürlich nicht immer. Aber niemand verlässt gern sein vertrautes Terrain.

Ein Beispiel: Nehmen wir an, Sie stehen auf dem Bürgersteig vor einem sehr hohen Gebäude, sagen wir mit *einhundert Stockwerken*. Es fahren gepanzerte Geldtransporter vor und deponieren auf dem Gehweg so viele 1-Peso-Münzen, dass man damit einen Turm bauen könnte, der bis zur Dachterrasse des Hauses reicht.
Kommen wir nun zum wichtigen Teil: Auf dem Bürgersteig lassen die Männer eine Schubkarre zurück, die einen Meter breit, einen Meter lang und einen Meter tief ist, also ein Volumen von einem Kubikmeter besitzt.
*Wie oft muss man die Schubkarre mit 1-Peso-Münzen beladen, um damit eine riesige Säule bauen zu können, die bis zum Dach des Gebäudes reicht?*
Es geht darum zu *schätzen*, wie oft man die Schubkarre füllen muss. Es soll also keine *exakte* Berechnung angestellt, sondern ein *Schätz*wert ermittelt werden.
An dieser Stelle möchte ich Sie selbst nachdenken lassen. Gegebenenfalls können Sie dann die Antwort weiter unten nachlesen, um Ihr Ergebnis zu *bestätigen*. Man mag vielleicht versucht sein, sich zu sagen: »Jetzt habe ich gerade keine Zeit, ich werde die Lösung lieber sofort nachschlagen.« Allerdings nimmt man sich dadurch die Freude am eigenen Denken. Keine Sorge, niemand schaut Ihnen dabei zu. Und außerdem: Wäre es nicht interessant, etwas zu tun, um Ihr Denken, Ihre Intuition zu schulen, und dies ganz ohne Risiko, nur um des reinen Vergnügens willen?
Als Anreiz möchte ich Ihnen eine kurze Geschichte erzählen.
Von dem vorliegenden Problem berichtete mir Gerardo Garbulsky, der am MIT in Physik promovierte und derzeit Chef einer bekannten Unternehmensberatung in

Argentinien ist. Im Rahmen eines Bewerbungsverfahrens stellte er diese Frage ungefähr 200 Bewerbern. Die Verteilung der Antworten sah in etwa folgendermaßen aus:[3]

1 Schubkarre: 1 Person
10 Schubkarren: 10 Personen
100 Schubkarren: 50 Personen
1.000 Schubkarren: 100 Personen
10.000 Schubkarren: 38 Personen
Mehr als 10.000 Schubkarren: 1 Person

*Lösung:*

Die argentinische 1-Peso-Münze hat einen Durchmesser von 23 Millimetern und ist 2,2 Millimeter dick. Dies sind natürlich nur ungefähre Werte, aber für unser Problem sind sie völlig ausreichend. Schließlich möchten wir keine exakte Antwort ermitteln, sondern nur ein *Schätzung* anstellen.

Um unsere Rechnung zu vereinfachen, gehe ich von einem Durchmesser von 25 Millimetern und einer Dicke von

3 Gerardo unterscheidet zwischen *intuitiver* und *berechneter Schätzung*. Als er im Rahmen der Auswahlgespräche diese Frage stellte, bat er die Bewerber, ihm zunächst, *ohne* eine Rechnung aufzustellen, zu sagen, wie viele Schubkarrenladungen man bräuchte. So erhielt er die ersten Antworten. Danach bat er sie um eine quantitative Schätzung, und nun waren 99 % der Antworten richtig. Es ist ein sehr großer Unterschied, »eine ausgebildete Intuition« zu besitzen oder »Mengen schätzen zu können«. Letztere ist eine Fähigkeit, die, regelmäßig angewandt, dabei hilft, erstere zu entwickeln, doch von ihrer Natur her sind sie sehr verschieden.

2,5 Millimetern aus. Überlegen wir, wie viele Münzen in eine Schubkarre (mit einem Volumen von einem Kubikmeter) passen. Schätzen wir zunächst, wie viele Münzen auf einer Bodenfläche von einem Meter Länge und einem Meter Breite Platz haben.

| | | |
|---|---|---|
| 1 Münze | 25 mm | |
| 4 Münzen | 100 mm | |
| 40 Münzen | 1.000 mm | = 1 Meter |

Da die Bodenfläche quadratisch ist (ein Meter mal ein Meter), können wir folglich 40 · 40 = 1.600 Münzen hineinlegen. Die Schubkarre ist einen Meter hoch und jedes Geldstück besitzt eine Dicke von 2,5 Millimetern, so dass wir berechnen können, wie viele »der Höhe nach« hineinpassen:

| | | |
|---|---|---|
| 1 Münze | 2,5 mm | |
| 4 Münzen | 10 mm | |
| 400 Münzen | 1.000 mm | = 1 Meter |

Die 1.600 Münzen, die auf die Grundfläche passen, müssen wir also mit den 400 Münzen multiplizieren, die wir in die Höhe gestapelt haben.

400 · 1.600 = 640.000 Münzen

Halten wir an dieser Stelle kurz inne.
Wir haben soeben die *Schätzung* aufgestellt, dass in jede Schubkarre von einem Kubikmeter fast 650.000 Münzen passen. Behalten wir dies erst einmal im Gedächtnis. Jetzt müssen wir noch *schätzen*, wie viele Pesos nötig

sind, um eine Säule von der Höhe unseres 100-stöckigen Wolkenkratzers zu errichten.
Wir können *schätzen*, dass jedes Stockwerk *3 Meter* hoch ist, ein Hochhaus von *100 Stockwerken* besitzt also eine Höhe von ca. 300 Metern. Das entspricht drei Häuserblocks!
*Schätzen* wir nun, wie viele Münzen wir auftürmen müssen, um bis zur Dachterrasse zu gelangen:

| | |
|---|---|
| 1 Münze | 2,5 mm |
| 4 Münzen | 10 mm |
| 40 Münzen | 100 mm |
| 400 Münzen | 1.000 mm = 1 Meter |

Um eine Höhe von einem Meter zu erreichen, benötigen wir 400 Münzen. Wenn wir auf 300 Meter kommen wollen, müssen wir demnach mit 400 multiplizieren.

**Ergebnis:** 300 · 400 = 120.000 Münzen

➜ **Fazit:** Eine einzige Schubkarre ist mehr als genug.

Abschließend möchte ich noch einige Überlegungen anbringen, zu denen mich Kommentare von Garbulsky selbst sowie von Eduardo Cattani inspiriert haben, ein weiterer Freund und exzellenter Mathematiker, der seit sehr langer Zeit und mit beispiellosem Erfolg in Amherst, Massachusetts, arbeitet.
Eduardo legt nahe, dass »die Angabe der Dicke der Münze *nicht* notwendig ist, um eine quantitative Schätzung zu gewinnen«. Dies mag zunächst seltsam klingen, aber folgen Sie einmal meinem Gedankengang: Wenn man weiß, dass auf dem Boden der Schubkarre 1.600 Münzen Platz

haben und wir darauf weitere Geldstücke einen Meter hoch stapeln, haben wir am Ende 1.600 Türmchen zu je einem Meter.
Wenn wir dann die Pesos aus der Schubkarre herausnehmen und alle Stapel zu je einem Meter Höhe aufeinanderschichten, haben wir eine Säule von 1.600 Metern Höhe! Und für diese Rechnung benötigen wir keine Angaben zur Dicke der einzelnen Münze.
Nun, da das Problem gelöst ist, bitte ich Sie darüber nachzudenken, was wir daraus *lernen* können. Intuitiv versuchen wir, einmal erworbene Erfahrungen auf neue Situationen zu übertragen. Das ist natürlich keine schlechte Idee. Wenn man es allerdings mit Szenarien zu tun hat, in denen enorme Volumen oder große Mengen eine Rolle spielen, läuft man Gefahr auszurutschen. Aber wie alles andere kann man auch den Umgang mit unvorstellbaren Quantitäten üben und lernen.
Ach ja, ich glaube, Gerardo schlug am Ende vor, demjenigen den Job zu geben, der als *Einziger* auf nur eine *Schubkarrenladung* getippt hat.[4]

**4** Gerardo Garbulsky stellte ebenfalls verschiedene Überlegungen dazu an, dass die Dicke der Münze nicht notwendig ist, um eine quantitative Schätzung abzugeben. Zum Beispiel: a) Man muss nur das Volumen des Münzturms kennen, das natürlich nicht von der Dicke jeder einzelnen Münze, sondern von ihrem Durchmesser und der Höhe des Gebäudes abhängt. b) Egal welche Höhe die Münzen hätten, zum Beispiel 1 Meter, 1 dm oder 1 cm, die Antwort wäre dieselbe. Wenn man es nachrechnet, »hebt sich« die *Dicke* der Geldstücke in der Rechnung wieder »auf«. Dieser Aspekt des Problems ist auch insofern sehr interessant, als mehr als die Hälfte der Befragten die Höhe (Dicke) der Geldstücke zu berechnen versuchte, um die quantitative Schätzung zu bestimmen. Nebenbei bemerkt: Die Dicke der Münzen ist sehr wichtig, wenn man wissen will, wie viel Geld sich im Münzturm befindet.

## Eine Geschichte über Google

Möchten Sie vielleicht bei Google arbeiten? Dann müssen Sie bereit sein, Probleme folgender Art zu lösen.
Die Geschichte begann – zumindest für mich – im August des Jahres 2004. Ich war damals in Boston. In der U-Bahnstation der Universität Harvard fiel mir eine sehr große Werbetafel von etwa 15 Metern Länge auf. Darauf stand:

> (erste Primzahl von 10 aufeinanderfolgenden Ziffern der Entwicklung von e).com

Sonst nichts. Auf der riesigen Tafel stand nicht mehr als diese eine Zeile. Das machte mich natürlich sehr neugierig, und ich fragte mich, ob es sich tatsächlich um eine Werbetafel handelte oder ob sich jemand einen Scherz oder etwas in der Art erlaubte. Aber nein, das Plakat wies alle Charakteristika einer herkömmlichen Werbung auf.
Ich hoffe, niemand fühlt sich abgeschreckt, wenn ich sage, dass die Zahl *e* auftaucht, wenn etwas *exponentiell* ansteigt. Ob es um Logarithmen, die Berechnung des Zinseszinses oder die Richter-Skala zur Messung von Erdbeben geht – immer ist die Zahl *e* involviert.
Genauso, wie wir uns daran gewöhnt haben, dass sich die Zahl *pi* folgendermaßen schreibt:

> *pi* = 3,14159 ...

besitzt auch die Zahl *e unendlich viele Ziffern*, angefangen mit:

> *e* = 2,718281828 ...

Die Zahl *e* ist eine Art enger Verwandter von *pi*, weil es sich bei beiden um irrationale und transzendente Zahlen handelt.
Zurück zu der Geschichte, die ich Ihnen erzählen wollte: Nachdem ich wiederholt auf diese Werbetafel gestoßen war, berichtete ich meinem Freund Carlos D'Andrea von meiner Entdeckung, einem Mathematiker, der an der Universität von Buenos Aires (UBA) studiert hatte und nun nach einem erfolgreichen Aufenthalt in Berkeley in Barcelona lebt.
Carlos gab die Frage an Pablo Misley weiter, einen anderen argentinischen Mathematiker, der damals bei einer Bank in Buenos Aires arbeitete (und gerade zum ersten Mal Vater geworden war). Ein paar Tage darauf bekam ich von Pablo eine E-Mail, in der er mir seine Ergebnisse mitteilte. Als er von dem Problem erfahren habe, sei ihm sofort klar gewesen, dass er alle bekannten Dezimalstellen der Zahl *e* finden müsse. Auf folgender Internetseite fand er die erste Million der Ziffernfolge von *e*:

http://antwrp.gsfc.nasa.gov/htmltest/gifcity/e.1mil

Diese Daten sind bereits seit vielen Jahren bekannt, genauer seit 1994. Pablo musste die Folge nun in Segmente von jeweils zehn Ziffern unterteilen und dann die erste Zahl herausfinden, die eine Primzahl darstellt. Das alles geht natürlich nicht ohne Computer. Außerdem muss man in der Lage sein, ein passendes Programm zu schreiben.
Die erste Folge aus zehn Ziffern, die die Bedingung erfüllte, lautete:

7427466391

Die Zahl 7 am Anfang entspricht der 99. Nachkommastelle der Zahl *e*.
Mit dieser Information musste Pablo dann auf die Website http://www.7427466391.com gehen und abwarten, was geschah. Dort traf er auf ein neues Problem (wie bei einer *Schatzsuche*).
Pablo las nun Folgendes:

f(1) = 7182818284

f(2) = 8182845904

f(3) = 8747135266

f(4) = 7427466391

f(5) = __________

Jetzt ging es also darum, die Reihe zu vervollständigen, das heißt, man musste ausgehend von den ersten vier Zahlen der rechten Spalte herausfinden, welche Zahl an die fünfte Stelle gehörte.
Pablo schrieb mir, dass er mit etwas Glück darauf kam, dass die Summe aus den zehn Ziffern der ersten vier Zahlen immer 49 ergibt. Mehr noch: Da er ja schon die Informationen über die Zahl *e* und deren Dezimalentwicklung besaß, folgerte er, dass die ersten vier Zahlen in dieser Spalte vier »Sequenzen« entsprachen, über die er bereits verfügte.
Er erkannte außerdem, dass die erste Zahl

7182818284

mit den ersten *zehn Ziffern* der Dezimalentwicklung von *e* übereinstimmt.

Die zweite Zahl

8182845904

entspricht der *fünften bis vierzehnten Ziffer.*
Die dritte Zahl

8747135266

reicht von der 23. bis zur 32. Nachkommastelle. Und bei der vierten Zahl

7427466391

handelt es sich schließlich um die »Sequenz«, die den Ziffern 99 bis 108 der Dezimalentwicklung von *e* entspricht. Es ging Pablo nun auf, dass er kurz vor der Lösung stand: Er musste nur noch die nächste »Sequenz« ausfindig machen, die 49 ergab ... Und er fand sie auch!
Der Kandidat für die fünfte Zahl der Reihe ist die Zahl

5966290435

die mit den Ziffern 127 bis 136 der Dezimalentwicklung übereinstimmt.
Indem er die Reihe vervollständigte und auf seinem Computer *enter* eingab, öffnete sich plötzlich eine andere Website:

http://www.google.com/labjobs/index.html

Hier wurden Interessenten gebeten, ihren Lebenslauf einzuschicken, den die Firma Google bei zukünftigen Vertragsabschlüssen berücksichtigen würde. Mit dem Erreichen jener Website hatte man sich für den Einstieg in die Firma qualifiziert.[5]

## Intelligenztests

Ich möchte an dieser Stelle noch einmal auf das Thema der *Intelligenz* zu sprechen kommen. Es handelt sich hierbei nicht nur um eine ebenso spannende wie umstrittene Frage, über die man noch sehr wenig weiß, sondern es ist auch interessant, sich mit den allgemein angewandten Methoden zu ihrer Messung auseinanderzusetzen. Es ist ja in der Tat eigenartig, dass manche Leute, deren guten Willen ich nicht in Frage stellen will (obwohl … na gut … bei einigen bin ich doch misstrauisch), mit Tests zur Messung von etwas aufwarten, das man gar nicht definieren kann. Was wird dabei eigentlich ausgewertet?
Ein Beispiel: Man bekommt eine Zahlentabelle, in der eine Zahl *fehlt*, und soll diese bestimmen sowie erklären, wie man zu seinem Ergebnis gekommen ist.

| | | |
|---|---|---|
| 54 | (117) | 36 |
| 72 | (154) | 28 |
| 39 | (513) | 42 |
| 18 | (?) | 71 |

5 Nebenbei gesagt: Ein anderer Freund von mir namens Ricardo Durán, Professor an der Fakultät für Naturwissenschaften (UBA), löste das Problem ebenfalls. Derzeit arbeitet Pablo immer noch bei der Bank, und Ricardo ist einer der besten Professoren am Institut für Mathematik und außerdem ein toller Kerl.

Bei dem Test geht es vorgeblich nicht allein darum, die Zahl zu ermitteln, die an die Stelle des Fragezeichens gehört, sondern es soll auch die analytische Fähigkeit gemessen werden, *eine Gesetzmäßigkeit* abzuleiten. Das heißt: Jemand hat sich ein Muster ausgedacht, das diesen Zahlen zugrunde liegt, und möchte, dass Sie es herausfinden.

An Ihrer Stelle würde ich jetzt einen Augenblick innehalten und mir über eine mögliche Lösung Gedanken machen. Ich werde Ihnen hier gleich eine Möglichkeit vorschlagen, aber es macht bestimmt Spaß, selbst darüber nachzudenken.

### *Eine mögliche Lösung*

Man könnte zum Beispiel sagen, dass die fehlende Zahl 215 lautet. Sehen sie sich die Zahlen an, die in der ersten Reihe in der ersten und dritten Spalte stehen: 54 und 36. Die Summe der beiden äußeren Ziffern (5 + 6) ergibt 11, die Summe der beiden inneren (4 + 3) 7.
Die Zahl 117 erhält man, indem man die Summe der beiden äußeren mit der der beiden inneren zusammenfügt.
Gehen wir nun weiter zur folgenden Zeile und wiederholen die gleiche Übung. In der ersten und dritten Spalte stehen die 72 und 28. Wenn wir die beiden äußeren Zahlen zusammenzählen (7 + 8), erhalten wir 15, die Summe der beiden inneren (2 + 2) ergibt 4. Demnach ist die Zahl in der Mitte 154.
In der dritten Zeile stehen die 39 und die 42. Die Summe der beiden äußeren Zahlen (3 + 2) ist 5, die der beiden

inneren (9 + 4) 13. Also muss in der Mitte die 513 stehen.
Nach diesem Muster ergeben sich schließlich bei 18 und 71 als Summe der äußeren Zahlen (1 + 1) 2 und der beiden mittleren (8 + 7) 15. Folgerung: Wenn der Erfinder der Übung das Gleiche dachte wie Sie (oder ich), müssen wir 215 ergänzen.

Ich möchte an dieser Stelle gleich hinzufügen, dass *keine dieser Methoden zur Messung der Intelligenz zuverlässig, geschweige denn exakt ist.* Tatsächlich mag es unendlich viele Möglichkeiten geben – und *es gibt sie* im Allgemeinen auch –, die Stelle des Fragezeichens auszufüllen. Es geht vielmehr um die Fähigkeit, herauszufinden, an welche Zahl die Erfinder des Tests gedacht haben.

### *Ein weiteres (sehr anschauliches) Beispiel*

Die brillante argentinische Mathematikerin Alicia Dickenstein hat mich dazu ermuntert, mich etwas intensiver mit den Menschen zu beschäftigen, die solche Tests entwickeln. »Ich glaube, dass diese IQ-Tests höchst gefährlich sind«, erklärte sie mir. »Sie sind nichts weiter als ein Standard, den man erlernen kann, und nur ein Maßstab für schematisches Lernen in eine bestimmte Richtung. Das heißt: Man weiß nicht genau, was sie überhaupt messen, und einige skrupellose und böswillige Menschen nehmen es sich heraus, Schlussfolgerungen über die vorhandene oder nicht vorhandene sogenannte ›Intelligenz‹ einer Personen zu ziehen. In der Tat gab es in den Vereinigten Staaten eine große Kontroverse über diese Art von Tests, die dazu eingesetzt wurden, ›Afroamerikaner‹ mit eindeutig rassistischer Absicht in unterentwickelte Klassen einzuordnen. Dabei lässt sich auf diese Weise allenfalls aufzeigen, dass manche Menschen keine Übung mit solchen Tests haben. Sonst nichts.«

Ich fahre fort: Die latente (oder gar nicht so latente) Gefahr besteht darin, dass sich ein Kind oder Jugendlicher, der mit derartigen Aufgaben konfrontiert wird, im Allgemeinen bemüht, so gute Antworten wie möglich zu geben, und Angst davor hat, einen Fehler zu machen. Der Heranwachsende, der den Test ablegt, wie auch seine Eltern haben das Gefühl, dass gerade ein »endgültiges« Urteil gefällt wird. Da er ja angeblich die Intelligenz misst, die sich mit der Zeit wohl kaum steigern lässt *(was Hänschen nicht lernt, lernt Hans nimmermehr)*, betrachtet man das Ergebnis als eine unverrückbare Tatsache. Ein Gefühl der Erleichterung durchströmt alle, sowohl den Testteilnehmer als auch die Familie, wenn der Beteiligte genau das antwortet, was die Erfinder des Tests hören wollten. In jedem Fall zeigt dies aber nur, dass er intelligent genug ist, das zu tun, was von ihm erwartet wurde.

Wer aber nicht auf die Lösung kommt oder einen Fehler macht, dem wird die schlechte Nachricht so schonend wie möglich beigebracht (ich übertreibe natürlich): »Es tut mir leid, Ihnen mitteilen zu müssen, dass Sie Ihr Leben lang *dumm* sein werden. Machen Sie etwas anderes.«

Allein aus diesem Grund sollte jeder Test, der sich anmaßt, etwas so *Undefinierbares* wie die Intelligenz zu messen, nur mit der allergrößten Vorsicht durchgeführt werden.

Das folgende Beispiel, das Alicia mir geschickt hat, stimmt nachdenklich. Ich bitte Sie, den Test zu lesen (es handelt sich dabei wirklich um ein Kinderspiel) und zu überlegen, was Sie antworten würden. Sie werden sehen, dass es auch in den offensichtlichsten Fällen *nicht nur eine einzige Lösung gibt.*

Es geht um folgende Zahlenreihe (in der angegebenen Anordnung):

| | | |
|---|---|---|
| 1 | 2 | 3 |
| 4 | 5 | 6 |
| 7 | 8 | ? |

Welche Zahl würden Sie an die Stelle des Fragezeichens setzen?
(Überlegen Sie bitte einen Augenblick, was Sie tun würden.)

Sagen Sie nicht, Sie hätten nicht an die Zahl 9 gedacht. Das würde ich Ihnen nicht abnehmen. Diese Lösung würde Alicia Dickenstein natürlich als »gewöhnlich« bezeichnen bzw. als »die Antwort, die der Fragesteller hören will«. Und diese letzte Aussage ist überaus bedeutsam. Denn was wäre, wenn ich Ihnen sagte, die Reihe sei folgendermaßen zu vervollständigen:

| | | |
|---|---|---|
| 1 | 2 | 3 |
| 4 | 5 | 6 |
| 7 | 8 | 27 |

Sie denken bestimmt, dass Sie nicht richtig gelesen haben, oder dass es sich um einen Druckfehler handelt. Nein,

die letzte Zahl lautet wirklich 27. Ich erkläre Ihnen das Muster, das derjenige, der sich das Problem ausgedacht hat, gesucht haben könnte.
Zunächst nehmen Sie die erste Zahl und quadrieren sie (multiplizieren sie also mit sich selbst). Vom Ergebnis ziehen Sie dann viermal die zweite Zahl ab und zählen 10 dazu. In der ersten Zeile quadrieren Sie somit 1 und erhalten wieder die 1. Jetzt subtrahieren Sie davon viermal die zweite Zahl, also viermal die Zahl 2, und addieren 10. Ergebnis: 3.

> $1 - 8 + 10 = 3$ (die 3 entspricht der dritten Zahl in der ersten Zeile)

Erheben Sie nun die erste Zahl der zweiten Zeile ins Quadrat ($4^2$), rechnen also $4 \cdot 4$ und erhalten 16. Sie ziehen davon viermal die zweite Zahl ab ($4 \cdot 5 = 20$) und zählen 10 dazu. Ergebnis: 6.

> $16 - 20 + 10 = 6$

In der dritten Zeile quadrieren wir 7 (49), subtrahieren viermal die zweite Zahl ($4 \cdot 8 = 32$) plus 10. Ergebnis: 27!

> $49 - 32 + 10 = 27$

➜ **1. Fazit:** Wenn Sie versuchen, solche Arten von Tests zu trainieren, werden Sie sehen, dass Sie am Ende alle oder fast alle lösen können. Vielleicht glauben Sie dann, dass Sie intelligenter geworden sind. Möglicherweise aber haben Sie gelernt, *sich besser* an die offizielle Denkweise *anzupassen*.

➔ **2. Fazit:** Die Mathematik als Intelligenztest einzusetzen, kann nicht nur einen negativen und frustrierenden, sondern auch *falschen* Eindruck zur Folge haben, allein schon deshalb, weil man gar nicht weiß, was man eigentlich misst.

## Sudoku

Sudoku? Was ist Sudoku? Diese Frage können heute wahrscheinlich viele Menschen beantworten, aber vor zwei Jahren hatte noch keiner eine Ahnung von dem zukünftigen »Hit« in Sachen Unterhaltung und Logikspiel. Mittlerweile bringen zahlreiche Tageszeitungen und Zeitschriften nicht nur in Argentinien, sondern auf der ganzen Welt Seiten mit diesem ursprünglich aus Japan stammenden Spiel, das einen Großteil der Bevölkerung »in Bann hält«, der durch Kreuzworträtsel, Denksportaufgaben und sonstige Rätsel jeglicher Art dem Gehirn ein wenig »Futter« geben möchte.
Für diejenigen, die noch nie von Sudoku gehört haben: Die Regeln sind sehr einfach und leicht zu verstehen.
Sudoku sieht aus wie ein Kreuzworträtsel bestehend aus einem »großen Quadrat« mit 9 Reihen in 9 Spalten, also 81 Feldern, die wiederum in neun Unterquadrate zu je $3 \cdot 3$ Feldern unterteilt sind:

| | | | | | | | | |
|---|---|---|---|---|---|---|---|---|
| 8 | | 1 | | 2 | 6 | | | |
| | 7 | 3 | | 1 | | | | 9 |
| | 4 | 9 | | | | | 5 | 2 |
| | 6 | | | | 8 | 4 | | |
| 9 | 3 | | 2 | | 1 | | 7 | 8 |
| | | 5 | 7 | | | | 3 | |
| 5 | 2 | | | | | 6 | 8 | |
| 4 | | | | 7 | | 3 | 1 | |
| | | | 6 | 5 | | 9 | | 7 |

Man muss jedes Unterquadrat mit den neun Ziffern von 1 bis 9 ausfüllen, das heißt 1, 2, 3, 4, 5, 6, 7, 8 und 9. Es darf aber keine Zahl in derselben Reihe oder derselben Spalte des großen Quadrats zweimal auftauchen. So schlicht und einfach sind die Regeln.

Außerdem befinden sich schon einige Ziffern fest in ihren Kästchen. Man braucht lediglich die übrigen Felder auszufüllen.

Wie es heutzutage üblich ist, schwirren überall im Internet verschiedene Varianten des Spiels herum. Sein Auftauchen brach mit den alten Mustern von Kreuzworträtseln oder anderen traditionellen auf Worten basierenden Spielen. Interessanterweise ist nur wenigen Leuten klar, dass sie Mathematik benutzen und einsetzen, wenn sie diese Aufgaben lösen, obwohl ja Zahlen im Spiel sind (die Ziffern von 1 bis 9, die viele Male über die Felder verteilt werden). Mehr noch: Auch für viele Lehrer und Professoren in unserem Land, die auf der Suche nach neuen Anregungen für ihre Schüler sind, ist Sudoku interessant. Ich glaube, dass man durch Sudoku Fragen stel-

len kann, die vielleicht nicht alle leicht zu beantworten sind, die aber als Auslöser für eine interaktive Arbeit zwischen Lehrern und Schülern dienen können.
Die folgenden Fragen stellen nur eine kleine Auswahl dar. Natürlich kann man Sudoku spielen, ohne auch nur eine einzige davon zu beantworten, und weiterhin ein glückliches Leben führen. Andererseits kann man sich aber auch Fragen stellen und glücklich sein, ohne die Antwort darauf zu finden, und wenn man sie findet, umso schöner!

### *Der Name Sudoku*

Laut *Wikipedia* (der freien Internet-Enzyklopädie) und anderen Quellen leitet sich der Name Sudoku vom japanischen *Suuji wa dokushin ni kagiru* ab, was so viel heißt wie: »Eine Zahl bleibt immer allein«, und ist eine eingetragene Marke des japanischen Verlags Nikoli Co. Ltd.

### *Seit wann gibt es Sudoku?*

Darüber gibt es verschiedene Angaben, aber die am weitesten verbreitete ist, dass es erstmals im Jahr 1984 in einer Zeitschrift in Japan auftauchte. Sudoku verdankt seine gesamte Beliebtheit Wayne Gould, einem pensionierten Richter in Hongkong, der das Spiel in Tokio kennengelernt hatte und daraufhin ein Computerprogramm entwarf, das automatisch verschiedene Sudokus *erzeugte*, mit denen er sich die Zeit vertreiben konnte. Dann wurde ihm plötzlich klar, dass er vielleicht auf eine Goldmine

gestoßen war, und begann, die Rätsel verschiedenen europäischen Zeitungen anzubieten. Merkwürdigerweise ging erst im Jahr 2004 (also vor gerade einmal fünf Jahren) eine der wichtigsten Tageszeitungen Englands, nämlich die in London erscheinende *Times*, auf das Angebot Goulds ein, und das Konkurrenzblatt, der nicht weniger berühmte *Daily Telegraph*, zog kurz darauf im Januar 2005 nach. Seither greift das Fieber auf der ganzen Welt um sich, auch in Argentinien.
Heutzutage macht das Spiel in verschiedenen Zeitungen, Zeitschriften und speziellen Sudoku-Büchern *Furore*, die dem Leser mal leichtere, mal kompliziertere Versionen mit unterschiedlichem Schwierigkeitsgrad sowie zum Teil überraschende Varianten bieten. Ob in Bussen, Zügen, U-Bahn-Stationen, überall sieht man nachdenkliche, in Gedanken vertiefte Menschen Sudoku spielen.

## *Die Mathematik*

Wie gesagt kann man sich natürlich hinsetzen und Sudoku zur reinen Unterhaltung spielen. Und tatsächlich machen das auch die meisten. Gleichzeitig möchte ich Sie aber dazu einladen, über ein paar mögliche Fragestellungen rund um das Sudoku nachzudenken:

a) Wie viele *mögliche* Sudoku-Spiele gibt es?
b) Werden die Möglichkeiten irgendwann ausgehen?
c) Gibt es so viele Möglichkeiten, dass sie für die Unterhaltung unserer Generation ausreichen? Oder wann fangen sie an, sich zu wiederholen?
d) Gibt es nur eine einzige mögliche Lösung?

e) Wie viele Kästchen müssen schon mit Zahlen gefüllt sein, damit es nur einen einzigen Lösungsweg gibt? Anders gesagt: Wie viele Felder müssen von vornherein vollständig sein, damit man das Rätsel in der Gewissheit lösen kann, dass das Problem nur eine einzige Lösung zulässt?
f) Gibt es ein Minimum an Informationen, die vorhanden sein müssen? Ein Maximum?
g) Gibt es eine Strategie, die uns die Lösung erleichtert?
h) Könnte man Sudokus auch in anderen Größen erzeugen? Wie viele gäbe es zum Beispiel im Format von $4 \cdot 4$? Oder von $16 \cdot 16$?
i) Könnte man Sudokus mit $7 \cdot 7$ Kästchen erstellen? Oder mit $13 \cdot 13$? Allgemein gefragt: Wie viele Reihen und Spalten sind in einem Sudoku-Quadrat denkbar?

Kurz und gut, es gibt einen Haufen Fragen, die man sich stellen könnte, und ich bin sicher, dass Ihnen beim Lesen noch einige eingefallen sind, die Sie vielleicht noch mehr interessieren. Und darum geht es doch letztlich.
Ich möchte an dieser Stelle einige Antworten geben, die man aber auch in jedem Buch über diesen japanischen Zeitvertreib, im Internet und sogar in der berühmten Zeitschrift *Scientific American* lesen kann, die diesem Thema in der Juni-Ausgabe von 2006 einen mehrere Seiten langen Artikel gewidmet hat.

*Ein paar Fakten über Sudoku*

Ich möchte mit einigen Überlegungen beginnen.
Nehmen wir einmal an, Sie haben ein Sudoku-Spiel gelöst und beschließen, die Positionen zweier Zahlen zu tauschen. Zum Beispiel: Jede 1, die auftaucht, ersetzen Sie durch eine 8 und umgekehrt. Obwohl der Eindruck entsteht, es handele sich um zwei verschiedene Spiele, ist es doch *dasselbe*. Das heißt, es sind streng genommen natürlich schon unterschiedliche Sudokus, aber wir wissen, dass im Wesentlichen eines aus dem anderen hervorgegangen ist, indem wir ein paar Zahlen ausgetauscht haben, weshalb jede Schwierigkeit, die beim ersten auftritt, auch beim zweiten auftauchen wird. Und umgekehrt.
Nun folgende Frage: Wenn wir die Anzahl aller möglichen Sudokus berechnen wollen, müssen wir diese beiden zweimal zählen oder gehen wir davon aus, dass es sich um dasselbe Spiel in unterschiedlicher »Erscheinungsform« handelt?
Und weiter: Nehmen wir an, wir haben ein Sudoku gelöst und vertauschen beispielsweise die Reihen eins und drei – ändert dies etwas am Endergebnis? Kann dadurch eine Schwierigkeit hinzukommen oder verschwinden? Und was geschieht, wenn man die vierte und die fünfte Spalte vertauscht? Ändert sich dadurch etwas an der ursprünglichen Version? Handelt es sich etwa um zwei verschiedene Spiele? Man könnte die Frage mit Ja beantworten, da Spalten verändert bzw. Ziffern vertauscht wurden. In diesem Fall lässt sich die Anzahl der möglichen Sudokus (mithilfe einiger mathematischer Hilfsmittel, Logik und natürlich schneller Computer) errechnen:

6.670.903.752.021.072.936.960

Es gäbe also mehr als 6.670 Trillionen denkbarer Spiele. Schränkt man die Fälle hingegen ein und berücksichtigt Spiele, die beispielsweise durch den Austausch zweier Ziffern, zweier Spalten oder Reihen entstehen, nicht, reduziert sich die Anzahl sehr stark:

5.472.730.538

Dann wären es nur noch knapp 5,5 Milliarden möglicher Spiele. Das Interessante an dieser Zahl sei, so Jean-Paul Delahaye in seinem Artikel im *Scientific American*, dass sie kleiner ist als die der Weltbevölkerung, die mit mehr als 6,3 Milliarden angegeben wird.
Aufgrund dieser Daten dürfte klar sein, dass unserer Generation wohl kaum die Sudokus *ausgehen* werden. Wir können also in Ruhe weiterspielen, ohne jemals Gefahr zu laufen, das gleiche Spiel zweimal anzutreffen.
Eine weitere offene Frage betrifft die Eindeutigkeit der Lösung. Was ist damit gemeint? Nehmen wir an, wir haben ein Sudoku vorliegen, in dem schon Ziffern auf einige Felder *verteilt* sind. Es gibt natürlich keine Garantie, dass diese Aufstellung aufgeht, das heißt, wir könnten auf widersprüchliche Angaben stoßen. Aber angenommen, alles ist in Ordnung und es sind keine Ungereimtheiten vorhanden, woher wissen wir, dass unsere Lösung die *einzig* mögliche ist?
Das ist wirklich eine sehr gute Frage, denn aufgrund der riesigen Zahl von Sudoku-Spielen müsste man Computer einsetzen, um festzustellen, ob es in unserem bestimmten Fall mehr als eine Lösung gibt, was durchaus möglich

ist. Tatsächlich könnten Sie sich selbst ein Spiel *ausdenken*, das sich auf mehr als eine Weise lösen lässt. Dennoch sollte die *Eindeutigkeit* eine Grundvoraussetzung sein, denn man geht ja davon aus, dass der Spielentwurf *durchdacht* ist und nur eine *einzige* Lösung zulässt. Darin besteht schließlich der Reiz von Sudoku. Sonst wäre es ja wie beim »Bingo«: Gerade wenn man glaubt gewonnen zu haben und »Bingo!« ruft, kommt ein anderer daher, der ebenfalls »gewonnen« hat.

Noch eine Frage: Wie viele Ziffern müssen festgelegt sein, *bevor* man das Spiel beginnt? Haben Sie sie schon einmal gezählt? Ist die Anzahl immer gleich? Interessant ist hier, dass die Menge der vorhandenen Informationen bei jedem Sudoku variiert. Es gibt diesbezüglich keine Vorgabe. Wie Sie sich aber denken können, ist *eine gewisse Mindestanzahl erforderlich*, denn der Extremfall wäre ein leeres Quadrat mit sehr vielen möglichen Lösungen. Mit jeder Ziffer, die eingesetzt wird, nimmt die Zahl der möglichen Lösungen ab, bis zu dem Punkt, an dem *garantiert* nur noch eine *einzige Lösung* möglich ist.

Ein weiteres Problem ist das der *Minimalität*. Die Frage lautet: Wie hoch ist die *Mindest*anzahl an festgelegten Daten, damit es nur *eine einzige Lösung* gibt? Diese Frage ist bis heute ungelöst. Am weitesten verbreitet ist die Annahme, dass mindestens 17 Ziffern notwendig sind. Mathematiker auf der ganzen Welt arbeiten an diesem Problem. Einer von ihnen, der Ire Gary McGuire von der National University of Ireland (Maynooth), leitet ein Projekt, durch das bewiesen werden soll, dass es Sudokus gibt, die bereits mit 16 belegten Feldern eine eindeutige Lösung garantieren. Wie er selbst zugibt, ist der Versuch

bisher gescheitet. Die allgemein anerkannte Anzahl beträgt daher weiterhin 17.
Wie Sie sehen, sind auch heute noch viele Fragen offen, und es gibt jede Menge einfacherer Fallbeispiele, die man angehen kann (mithilfe eines Quadrats von 4 · 4 beispielsweise). Mir ging es vor allem darum zu zeigen, dass sich hinter einem unschuldigen Spiel, das scheinbar nur ein simpler Zeitvertreib ist, sehr viel Mathematik verbergen kann.

Verweise:
http://en.wikipedia.org/wiki/Sudoku
http://sudoku.com.au
http://www.dailysudoku.com/sudoku/index.shtml
http://daily-sudoku.com
http://sudoku.com/howtosolve.htm

## Sieb des Eratosthenes

Eratosthenes (257–195 v. Chr.) wurde im nordafrikanischen Kyrene (im heutigen Libyen) geboren. Er berechnete als Erster den Durchmesser der Erde, und dies mit für die damalige Zeit überraschender Genauigkeit (es wird mir immer ein Rätsel bleiben, warum die »Entdeckung«, dass die Erde »rund« bzw. eine Kugel sei, Kolumbus zugeschrieben wird, obwohl die Erkenntnis zu dem Zeitpunkt bereits *15 Jahrhunderte* alt war).
Eratosthenes war über mehrere Jahrzehnte Leiter der berühmten Bibliothek von Alexandria. Er gehörte zu den anerkanntesten Männern seiner Zeit. Leider sind von seinen Schriften nur einige wenige Fragmente überliefert.

Eratosthenes starb den freiwilligen Hungertod, da er seine Blindheit nicht mehr ertrug. Im Folgenden möchte ich eine seiner berühmten Errungenschaften vorstellen: das sogenannte »Sieb des Eratosthenes«.
Wir wissen, dass eine (positive) *Primzahl* eine ganze Zahl ist, die *nur durch sich selbst und durch 1 teilbar ist* (aus dieser Definition ist die Zahl 1 ausdrücklich ausgenommen). Eratosthenes entwarf einen Algorithmus, durch den man *alle Primzahlen* bestimmen kann. Sehen wir uns seine Erfindung einmal genauer an.
Schreiben wir zunächst die Zahlen von 1 bis 150 auf:

| | | | | | | | | | |
|---|---|---|---|---|---|---|---|---|---|
| 1 | 2 | 3 | 4 | 5 | 6 | 7 | 8 | 9 | 10 |
| 11 | 12 | 13 | 14 | 15 | 16 | 17 | 18 | 19 | 20 |
| 21 | 22 | 23 | 24 | 25 | 26 | 27 | 28 | 29 | 30 |
| 31 | 32 | 33 | 34 | 35 | 36 | 37 | 38 | 39 | 40 |
| 41 | 42 | 43 | 44 | 45 | 46 | 47 | 48 | 49 | 50 |
| 51 | 52 | 53 | 54 | 55 | 56 | 57 | 58 | 59 | 60 |
| 61 | 62 | 63 | 64 | 65 | 66 | 67 | 68 | 69 | 70 |
| 71 | 72 | 73 | 74 | 75 | 76 | 77 | 78 | 79 | 80 |
| 81 | 82 | 83 | 84 | 85 | 86 | 87 | 88 | 89 | 90 |
| 91 | 92 | 93 | 94 | 95 | 96 | 97 | 98 | 99 | 100 |
| 101 | 102 | 103 | 104 | 105 | 106 | 107 | 108 | 109 | 110 |
| 111 | 112 | 113 | 114 | 115 | 116 | 117 | 118 | 119 | 120 |
| 121 | 122 | 123 | 124 | 125 | 126 | 127 | 128 | 129 | 130 |
| 131 | 132 | 133 | 134 | 135 | 136 | 137 | 138 | 139 | 140 |
| 141 | 142 | 143 | 144 | 145 | 146 | 147 | 148 | 149 | 150 |

Eratosthenes begann nun, diese Liste durchzugehen. Die 1 ließ er unberücksichtigt, da er ja wusste, dass sie keine Primzahl ist. Die erste Zahl, die ihm begegnete, war also die 2. Dann ging er folgendermaßen vor: *Die 2 ließ er stehen und strich* alle ihre Vielfachen *aus*. Das Ergebnis war folgende Tabelle:

| | | | | | | | | | |
|---|---|---|---|---|---|---|---|---|---|
| ~~1~~ | 2 | 3 | ~~4~~ | 5 | ~~6~~ | 7 | ~~8~~ | 9 | ~~10~~ |
| 11 | ~~12~~ | 13 | ~~14~~ | 15 | ~~16~~ | 17 | ~~18~~ | 19 | ~~20~~ |
| 21 | ~~22~~ | 23 | ~~24~~ | 25 | ~~26~~ | 27 | ~~28~~ | 29 | ~~30~~ |
| 31 | ~~32~~ | 33 | ~~34~~ | 35 | ~~36~~ | 37 | ~~38~~ | 39 | ~~40~~ |
| 41 | ~~42~~ | 43 | ~~44~~ | 45 | ~~46~~ | 47 | ~~48~~ | 49 | ~~50~~ |
| 51 | ~~52~~ | 53 | ~~54~~ | 55 | ~~56~~ | 57 | ~~58~~ | 59 | ~~60~~ |
| 61 | ~~62~~ | 63 | ~~64~~ | 65 | ~~66~~ | 67 | ~~68~~ | 69 | ~~70~~ |
| 71 | ~~72~~ | 73 | ~~74~~ | 75 | ~~76~~ | 77 | ~~78~~ | 79 | ~~80~~ |
| 81 | ~~82~~ | 83 | ~~84~~ | 85 | ~~86~~ | 87 | ~~88~~ | 89 | ~~90~~ |
| 91 | ~~92~~ | 93 | ~~94~~ | 95 | ~~96~~ | 97 | ~~98~~ | 99 | ~~100~~ |
| 101 | ~~102~~ | 103 | ~~104~~ | 105 | ~~106~~ | 107 | ~~108~~ | 109 | ~~110~~ |
| 111 | ~~112~~ | 113 | ~~114~~ | 115 | ~~116~~ | 117 | ~~118~~ | 119 | ~~120~~ |
| 121 | ~~122~~ | 123 | ~~124~~ | 125 | ~~126~~ | 127 | ~~128~~ | 129 | ~~130~~ |
| 131 | ~~132~~ | 133 | ~~134~~ | 135 | ~~136~~ | 137 | ~~138~~ | 139 | ~~140~~ |
| 141 | ~~142~~ | 143 | ~~144~~ | 145 | ~~146~~ | 147 | ~~148~~ | 149 | ~~150~~ |

Nachdem er *alle Vielfachen von 2 gestrichen hatte*, ging er in der Liste weiter bis zur nächsten Zahl, die er nicht gestrichen hatte, nämlich der 3. Die 3 ließ er wieder stehen und eliminierte *alle ihre Vielfachen*. Danach sah die Tabelle so aus:

| | | | | | | | | | |
|---|---|---|---|---|---|---|---|---|---|
| ~~1~~ | 2 | 3 | ~~4~~ | 5 | ~~6~~ | 7 | ~~8~~ | ~~9~~ | ~~10~~ |
| 11 | ~~12~~ | 13 | ~~14~~ | ~~15~~ | ~~16~~ | 17 | ~~18~~ | 19 | ~~20~~ |
| ~~21~~ | ~~22~~ | 23 | ~~24~~ | 25 | ~~26~~ | ~~27~~ | ~~28~~ | 29 | ~~30~~ |
| 31 | ~~32~~ | ~~33~~ | ~~34~~ | 35 | ~~36~~ | 37 | ~~38~~ | ~~39~~ | ~~40~~ |
| 41 | ~~42~~ | 43 | ~~44~~ | ~~45~~ | ~~46~~ | 47 | ~~48~~ | 49 | ~~50~~ |
| ~~51~~ | ~~52~~ | 53 | ~~54~~ | 55 | ~~56~~ | ~~57~~ | ~~58~~ | 59 | ~~60~~ |
| 61 | ~~62~~ | ~~63~~ | ~~64~~ | 65 | ~~66~~ | 67 | ~~68~~ | ~~69~~ | ~~70~~ |
| 71 | ~~72~~ | 73 | ~~74~~ | ~~75~~ | ~~76~~ | 77 | ~~78~~ | 79 | ~~80~~ |
| ~~81~~ | ~~82~~ | 83 | ~~84~~ | 85 | ~~86~~ | ~~87~~ | ~~88~~ | 89 | ~~90~~ |
| 91 | ~~92~~ | ~~93~~ | ~~94~~ | 95 | ~~96~~ | 97 | ~~98~~ | ~~99~~ | ~~100~~ |
| 101 | ~~102~~ | 103 | ~~104~~ | ~~105~~ | ~~106~~ | 107 | ~~108~~ | 109 | ~~110~~ |
| ~~111~~ | ~~112~~ | 113 | ~~114~~ | 115 | ~~116~~ | ~~117~~ | ~~118~~ | 119 | ~~120~~ |
| 121 | ~~122~~ | ~~123~~ | ~~124~~ | 125 | ~~126~~ | 127 | ~~128~~ | ~~129~~ | ~~130~~ |
| 131 | ~~132~~ | 133 | ~~134~~ | ~~135~~ | ~~136~~ | 137 | ~~138~~ | 139 | ~~140~~ |
| ~~141~~ | ~~142~~ | 143 | ~~144~~ | 145 | ~~146~~ | ~~147~~ | ~~148~~ | 149 | ~~150~~ |

Auf diese Weise fuhr er fort. Da die 4 bereits ausgestrichen war, ging er zur nächsten Zahl weiter, nämlich zur 5. Die 5 ließ er wieder stehen und strich alle ihre Vielfachen aus. Die Tabelle sah aus wie folgt:

| | | | | | | | | | |
|---|---|---|---|---|---|---|---|---|---|
| ~~1~~ | 2 | 3 | ~~4~~ | 5 | ~~6~~ | 7 | ~~8~~ | ~~9~~ | ~~10~~ |
| 11 | ~~12~~ | 13 | ~~14~~ | ~~15~~ | ~~16~~ | 17 | ~~18~~ | 19 | ~~20~~ |
| ~~21~~ | ~~22~~ | 23 | ~~24~~ | ~~25~~ | ~~26~~ | ~~27~~ | ~~28~~ | 29 | ~~30~~ |
| 31 | ~~32~~ | ~~33~~ | ~~34~~ | ~~35~~ | ~~36~~ | 37 | ~~38~~ | ~~39~~ | ~~40~~ |
| 41 | ~~42~~ | 43 | ~~44~~ | ~~45~~ | ~~46~~ | 47 | ~~48~~ | ~~49~~ | ~~50~~ |
| ~~51~~ | ~~52~~ | 53 | ~~54~~ | ~~55~~ | ~~56~~ | ~~57~~ | ~~58~~ | 59 | ~~60~~ |
| 61 | ~~62~~ | ~~63~~ | ~~64~~ | ~~65~~ | ~~66~~ | 67 | ~~68~~ | ~~69~~ | ~~70~~ |
| 71 | ~~72~~ | 73 | ~~74~~ | ~~75~~ | ~~76~~ | 77 | ~~78~~ | 79 | ~~80~~ |
| ~~81~~ | ~~82~~ | 83 | ~~84~~ | ~~85~~ | ~~86~~ | ~~87~~ | ~~88~~ | 89 | ~~90~~ |
| 91 | ~~92~~ | ~~93~~ | ~~94~~ | ~~95~~ | ~~96~~ | 97 | ~~98~~ | ~~99~~ | ~~100~~ |
| 101 | ~~102~~ | 103 | ~~104~~ | ~~105~~ | ~~106~~ | 107 | ~~108~~ | 109 | ~~110~~ |
| ~~111~~ | ~~112~~ | 113 | ~~114~~ | ~~115~~ | ~~116~~ | ~~117~~ | ~~118~~ | 119 | ~~120~~ |
| 121 | ~~122~~ | ~~123~~ | ~~124~~ | ~~125~~ | ~~126~~ | 127 | ~~128~~ | ~~129~~ | ~~130~~ |
| 131 | ~~132~~ | 133 | ~~134~~ | ~~135~~ | ~~136~~ | 137 | ~~138~~ | 139 | ~~140~~ |
| ~~141~~ | ~~142~~ | 143 | ~~144~~ | ~~145~~ | ~~146~~ | ~~147~~ | ~~148~~ | 149 | ~~150~~ |

Dann gelangte er zur 7, strich alle ihre Vielfachen aus und suchte sich die nächste Zahl, die noch nicht getilgt war, die 11. Diese ließ er wieder stehen und strich alle ihre Vielfachen aus. Er ging weiter zur nächsten nicht markierten Zahl, der 13, deren Vielfache er wieder entfernte. Auf diese Weise fuhr er bis zum Ende der Liste fort.

Die Zahlen, die am Ende übrig blieben, waren demnach keine Vielfachen der vorangehenden Zahlen. Er hatte eine Art »Filter« entworfen, in dem nur die Primzahlen hängen blieben.

Am Ende erhielt er folgende Tabelle:

| | | | | | | | | | |
|---|---|---|---|---|---|---|---|---|---|
| ~~1~~ | 2 | 3 | ~~4~~ | 5 | ~~6~~ | 7 | ~~8~~ | ~~9~~ | ~~10~~ |
| 11 | ~~12~~ | 13 | ~~14~~ | ~~15~~ | ~~16~~ | 17 | ~~18~~ | 19 | ~~20~~ |
| ~~21~~ | ~~22~~ | 23 | ~~24~~ | ~~25~~ | ~~26~~ | ~~27~~ | ~~28~~ | 29 | ~~30~~ |
| 31 | ~~32~~ | ~~33~~ | ~~34~~ | ~~35~~ | ~~36~~ | 37 | ~~38~~ | ~~39~~ | ~~40~~ |
| 41 | ~~42~~ | 43 | ~~44~~ | ~~45~~ | ~~46~~ | 47 | ~~48~~ | ~~49~~ | ~~50~~ |
| ~~51~~ | ~~52~~ | 53 | ~~54~~ | ~~55~~ | ~~56~~ | ~~57~~ | ~~58~~ | 59 | ~~60~~ |
| 61 | ~~62~~ | ~~63~~ | ~~64~~ | ~~65~~ | ~~66~~ | 67 | ~~68~~ | ~~69~~ | ~~70~~ |
| 71 | ~~72~~ | 73 | ~~74~~ | ~~75~~ | ~~76~~ | ~~77~~ | ~~78~~ | 79 | ~~80~~ |
| ~~81~~ | ~~82~~ | 83 | ~~84~~ | ~~85~~ | ~~86~~ | ~~87~~ | ~~88~~ | 89 | ~~90~~ |
| 91 | ~~92~~ | ~~93~~ | ~~94~~ | ~~95~~ | ~~96~~ | 97 | ~~98~~ | ~~99~~ | ~~100~~ |
| 101 | ~~102~~ | 103 | ~~104~~ | ~~105~~ | ~~106~~ | 107 | ~~108~~ | 109 | ~~110~~ |
| ~~111~~ | ~~112~~ | 113 | ~~114~~ | ~~115~~ | ~~116~~ | ~~117~~ | ~~118~~ | ~~119~~ | ~~120~~ |
| 121 | ~~122~~ | ~~123~~ | ~~124~~ | ~~125~~ | ~~126~~ | 127 | ~~128~~ | ~~129~~ | ~~130~~ |
| 131 | ~~132~~ | 133 | ~~134~~ | ~~135~~ | ~~136~~ | 137 | ~~138~~ | 139 | ~~140~~ |
| ~~141~~ | ~~142~~ | 143 | ~~144~~ | ~~145~~ | ~~146~~ | ~~147~~ | ~~148~~ | 149 | ~~150~~ |

Mithilfe dieser einfachen, aber sehr wirkungsvollen Methode schuf Eratosthenes sein berühmtes »Sieb«, mit dem er die Primzahlen herausfiltern konnte: 2, 3, 5, 7, 11, 13, 17, 19, 23, 29, 31, 37, 41, 43, 47, 53, 59, 61, 67, 71, 73, 79, 83, 89, 91, 97, 101, 103, 107, 109, 113, 121, 127, 131, 133, 137, 139, 143, 149 …

Fest steht, dass es unendlich viele Primzahlen gibt. Doch noch immer ranken sich um sie viele offene Fragen. Das Sieb des Eratosthenes war die erste bekannte Methode,

um sie zu identifizieren.[6] Auch heute noch ist der Algorithmus das effizienteste Verfahren, um die »kleinsten« Primzahlen zu bestimmen (sagen wir, alle unter 10 Millionen).
Eratosthenes hat auf jeden Fall seinen Platz in der Geschichte verdient, allein schon wegen dieses Beitrags zur Zahlentheorie und der für seine Zeit beachtlichen Leistung, als er feststellte, dass die Erde eine Kugel ist.

## Vollkommene oder perfekte Zahlen

Die ganzen Zahlen sind der Ursprung für eine Reihe interessanter Probleme, von denen viele nach wie vor ungelöst sind. Eines möchte ich Ihnen hier vorstellen.
Pythagoras und seine Schüler glaubten, die Zahlen enthielten das *Wesen* aller Dinge, und gaben ihnen sogar ein Geschlecht. Sie sagten beispielsweise, die *geraden* Zahlen seien *weiblich*. Im Folgenden möchte ich mich mit den Zahlen beschäftigen, die man *vollkommene Zahlen* nennt. Dabei werde ich die sogenannten *natürlichen* Zahlen benutzen, die jeder aus dem *Alltagsgebrauch* kennt: 1, 2, 3, 4, 5, 6 … usw.
Nehmen wir jetzt eine beliebige natürliche Zahl, sagen wir die 12. Wie viele Teiler hat sie? Das heißt, in wie viele Teile lässt sich die 12 zerlegen, ohne dass ein Rest übrig bleibt?

**6** Natürlich fand er nicht *alle* Primzahlen, da sie, wie gesagt, unendlich sind. Das Verfahren stellt jedoch die Bestimmung *aller Primzahlen* sicher, *die kleiner als eine bestimmte Zahl sind*, und ermöglicht es außerdem festzustellen, ob eine beliebige Zahl eine Primzahl ist oder nicht.

Die Antwort lautet (ich hoffe, dass Sie bereits selbst darauf gekommen sind):

1, 2, 3, 4, 6 und 12

Wenn ich 12 durch die Zahl 1 teile, erhalte ich 12, es bleibt kein Rest. 12 durch 2 ergibt 6, Rest 0. 12 durch 3 ist gleich 4, Rest 0. 12 durch 4 ergibt 3, Rest 0 …
Doch wenn ich die Zahl 12 durch 5 teilte, wäre das Ergebnis keine natürliche Zahl, sondern 2,4. Wir stellen also fest, dass sich die 12 durch 5 nicht glatt teilen lässt, dafür aber durch 1, 2, 3, 4, 6 und 12. Diese Zahlen sind die Teiler von 12.[7]
Nun wissen wir, was unter dem *Teiler* einer natürlichen Zahl zu verstehen ist. Wie Sie außerdem merken werden, ist die 1 *Teiler* jeder beliebigen Zahl. So wie sich jede beliebige Zahl auch durch sich selbst teilen lässt.
Wenden wir uns nun der Zahl 6 zu. Welche Teiler besitzt sie? Wie wir gesehen haben, handelt es sich dabei um

1, 2, 3 und 6

Wenn wir die Zahl selbst, also die 6, ausschließen, bleiben 1, 2 und 3. Diese nennt man *echte Teiler*.
Wenn wir nun *die Summe* bilden, lautet das Ergebnis:

$$1 + 2 + 3 = 6$$

**7** Eine präzisere Definition würde folgendermaßen lauten: »Die natürliche Zahl $d$ ist Teiler der natürlichen Zahl $n$, wenn eine natürliche Zahl $q$ existiert, so dass gilt: $n = d \cdot q$.«

Wenn wir also die *echten Teiler addieren*, erhalten wir wieder *die ursprüngliche Zahl.*

Ein weiteres Beispiel: die Zahl 10.
Ihre echten Teiler (das heißt, die 10 ausgenommen) lauten:

1, 2 und 5

Und nun addieren wir:

1 + 2 + 5 = 8

In diesem Fall ergibt die Summe der echten Teiler *nicht* die ursprüngliche Zahl.

Noch ein Beispiel. Die echten Teiler der 12 lauten:

1, 2, 3, 4 und 6

Addieren wir sie, ist das Ergebnis:

1 + 2 + 3 + 4 + 6 = 16

Auch hier erhalten wir nicht die ursprüngliche Zahl, da sich *diese nicht* durch die Summe der Teiler *ergibt.*
Zahlen, die wie die 6 die Summe ihrer echten Teiler sind, werden *vollkommene* oder *perfekte* Zahlen genannt. Es stellt sich die Frage, ob die 6 das einzige Beispiel dieser Art ist oder ob es noch weitere vollkommene Zahlen gibt.
Sind wir nur zufällig auf die 6 gestoßen? Ich bitte den Leser, einmal selbst andere vollkommene Zahlen zu suchen.

Untersuchen wir nun die Zahl 28. Sich selbst ausgenommen, besitzt diese als Teiler

1, 2, 4, 7, 14

Und als Summe ergibt sich:

$$1 + 2 + 4 + 7 + 14 = 28$$

Daher ist auch die 28 eine vollkommene Zahl!
Glücklicherweise steht also die 6 nicht allein da. Sie ist die erste unter den vollkommenen natürlichen Zahlen, aber wir wissen ja bereits, dass es noch eine weitere gibt, die 28.
Ich bitte Sie einmal nachzuprüfen, dass es keine weitere vollkommene Zahl zwischen 6 und 28 gibt. Die 28 ist also die *zweite* vollkommene Zahl.
An diesem Punkt stellen sich natürlich einige Fragen:

- Gibt es noch eine dritte vollkommene Zahl?
- Wenn ja, welche?
- Wie viele vollkommene Zahlen gibt es?
- Gibt es eine Methode, *alle* vollkommenen Zahlen zu finden?

Hier einige Antworten. Ich sage ausdrücklich *einige*, denn zum einen ist hier (bei weitem) nicht Platz für alle Antworten, zum anderen sind sie zum Teil sogar noch unbekannt.
Gehen wir einen Schritt weiter. Die Zahl 496 besitzt als *echte Teiler*

1, 2, 4, 8, 16, 31, 62, 124 und 248

Wenn wir sie addieren, ergibt sich

$$1 + 2 + 4 + 8 + 16 + 31 + 62 + 124 + 248 = 496$$

Nun haben wir eine weitere vollkommene Zahl entdeckt: die 496!

Noch ein paar interessante Details. Man weiß (und Sie können es gerne nachrechnen), dass zwischen 28 und 496 keine weiteren vollkommenen Zahlen existieren. Somit ist die 496 die dritte im Bunde. Und bis zur vierten hat man eine ziemlich weite »Strecke« zu überwinden … denn die nächste vollkommene Zahl ist erst die 8.128. Der Beweis ist nicht schwer, man braucht nur Geduld und einen Taschenrechner.

$$8.128 = 1 + 2 + 4 + 8 + 16 + 32 + 64 + 127 + 254 + 508 + 1.016 + 2.032 + 4.064$$

Bis jetzt wissen wir also, dass die ersten vollkommenen Zahlen 6, 28, 496 und 8.128 sind.

Hier noch einige interessante Fakten:

a) In einem Manuskript aus dem Jahr 1456 (!) wird die *funfte* vollkommene Zahl angegeben, die 33.550.336.
b) Bis zum heutigen Tag im Oktober 2006 sind keine *ungeraden* vollkommenen Zahlen bekannt.
c) Die *größte* bekannte vollkommene Zahl ist $2^{32582657} \cdot (2^{32582657} - 1)$.

Die Griechen haben große Mühe darauf verwendet, vollkommene Zahlen zu *entdecken*, und viel über sie geschrieben. Im letzten Buch der *Elemente* des Euklid (des meistgelesenen Buches nach der Bibel) findet man folgenden Satz:

Wenn *n* eine *ganze positive* Zahl ist und ($2^n - 1$) eine Primzahl, dann ist

$$2^{(n-1)} \cdot (2^n - 1)\ *$$

eine vollkommene Zahl.
Zum Beispiel:
Für $n = 2$ ergibt sich:

$$2^{(2-1)} \cdot (2^2 - 1) = 2 \cdot 3 = 6$$

Für $n = 3$ lautet das Ergebnis:

$$2^{(3-1)} \cdot (2^3 - 1) = 4 \cdot 7 = 28$$

Und wenn $n = 5$, erhält man:

$$2^{(5-1)} \cdot (2^5 - 1) = 496$$

Das ist sehr interessant, zumal Euklid hier eine Methode vorstellt, wie sich die vollkommenen Zahlen berechnen lassen.

Ist n = 7, ergibt sich:

$$2^{(7-1)} \cdot (2^7 - 1) = 64 \cdot 127 = 8.128$$

* Einer der größten Mathematiker der Geschichte, der Schweizer Leonard Euler (1707–1783), bewies, dass *alle geraden vollkommenen Zahlen* diese Form besitzen.

Nun gerät man in Versuchung, es mit der nächsten *Primzahl*, die auf 7 folgt, zu probieren, also den Fall n = 11 nachzurechnen:

$$2^{(11-1)} \cdot (2^{11} - 1) = 2.096.128$$

Und diesmal haben wir es nicht mit einer vollkommenen Zahl zu tun.
Das Problem besteht darin, dass die Zahl $(2^{11}-1) = 2.047$ keine Primzahl ist!
Tatsächlich ist 2.047 gleich 89 · 23.
Daher widerspricht die Tatsache, dass 2.096.128 *keine vollkommene Zahl ist*, nicht dem Satz des Euklid. Es lohnt sich allerdings, noch einen Schritt weiterzugehen.
Wenn man die Formel auf die nächste Primzahl, die Zahl 13, anwendet, erhält man:

$$2^{(13-1)} \cdot (2^{13} - 1) = 33.550.336$$

Und dies ist wieder eine vollkommene Zahl!
Der französische Mathematiker Marin Mersenne zeigte im Jahr 1644, dass die ersten dreizehn vollkommenen Zahlen die eben betrachtete Form aufweisen, und zwar für

$$n = 2, 3, 5, 7, 13, 17, 19, 31, 61, 89, 107, 127 \text{ und } 157$$

Wir fassen zusammen:

a) Die *ersten vollkommenen Zahlen* lauten:
6, 28, 496, 8.128, 33.550.336, 8.589.869.056, 137.438.691.328, 2.305.843.008.139.952.128.

Mithilfe von Computerberechnungen ließen sich vollkommene Zahlen für folgende *n* finden: 2, 3, 5, 7, 13, 17, 19, 31, 61, 89, 107, 127, 521, 607, 1.279, 2.203, 2.281, 3.217, 4.253, 4.423, 9.689, 9.941, 11.213, 19.937, 21.701, 23.209, 44.497, 86.243, 110.503, 132.049, 216.091, 756.839, 859.433, 1.257.787 und 1.398.269.

b) Wenn $(2^n - 1)$ eine Primzahl ist, dann ist die Zahl $2^{(n-1)} \cdot (2^n - 1)$ eine vollkommene Zahl für jede beliebige Zahl *n*.

c) Mit der eben erwähnten Formel lassen sich alle *geraden* vollkommenen Zahlen gewinnen.

d) Bis zum heutigen Tag sind keine *ungeraden* vollkommenen Zahlen bekannt. Ob es überhaupt welche gibt? Man hat *alle* Zahlen bis $10^{300}$ – dies ist eine 1 mit 300 Nullen – geprüft und keine ungerade vollkommene Zahl gefunden. Es ist zweifelhaft, ob es sie gibt, der Beweis steht jedoch nach wie vor aus.

e) Gibt es unendlich viele vollkommene Zahlen?
Die Literatur zu diesem Thema ist gewaltig. Dieses Kapitel sollte lediglich eine Einführung sein und zeigen, dass es in der Mathematik noch sehr viele ungelöste Probleme gibt. Dies ist nur eines von ihnen.

## Das Leben in der Unendlichkeit. Die geometrische und die harmonische Reihe

Ist es möglich, »unendlich viele« positive Zahlen zu addieren und als Ergebnis keine unendliche Zahl zu erhalten? Unsere erste Reaktion auf diese Frage wäre: »Nein, das ist nicht möglich. Wenn man unendlich viele positive Zahlen addieren könnte, würde das Ergebnis kontinuierlich größer werden und *müsste daher gegen unendlich gehen.*«

Selbstverständlich sind einige Aspekte dieser Antwort richtig. Wenn man positive Zahlen addiert, wird das Ergebnis im Verlauf immer größer. Das stimmt natürlich. In Zweifel ziehen möchte ich jedoch folgende Behauptung: »Würde man unendlich viele Zahlen addieren, müsste *das Ergebnis gegen unendlich gehen.*«

Wir haben bereits im ersten Band von *Mathematik durch die Hintertür* (S. 103) gesehen, dass die »unendliche Summe« der Kehrwerte der Potenzen von 2 als Ergebnis die Zahl 2 ergibt. Diese »unendliche Summe« ist die Summe der geometrischen Reihe mit dem Quotienten 1/2, durch die man sich der Zahl 2 annähert.

Was würde nun geschehen, wenn man jeweils Summen aus Partialsummen bilden würde? Nehmen wir also an, dass man »*Stück für Stück* addiert«. Man beginnt mit einem Glied, dann addiert man zwei, dann drei, vier, fünf usw. Jede Summe wird eine Zahl ergeben, die ich $S_n$ nenne. Die Summe einer einzigen Zahl heißt also $S_1$; die zweier Zahlen $S_2$; die dreier Zahlen $S_3$ usw., bis sich folgende Tabelle *ergibt*:

$S_1 = 1$
$S_2 = 1 + 1/2 = 1{,}5$
$S_3 = 1 + 1/2 + 1/3 = 1{,}833333...$
$S_4 = 1 + 1/2 + 1/3 + 1/4 = 2{,}08333333...$
$S_5 = 1 + 1/2 + 1/3 + 1/4 + 1/5 = 2{,}2833333...$
$S_6 = 1 + 1/2 + 1/3 + 1/4 + 1/5 + 1/6 = 2{,}45$
$S_7 = 1 + 1/2 + 1/3 + 1/4 + 1/5 + 1/6 + 1/7 = 2{,}59285714285714...$
$S_8 = 1 + 1/2 + 1/3 + 1/4 + 1/5 + 1/6 + 1/7 + 1/8 = 2{,}71785714285714...$

Je mehr Zahlen wir also hinzufügen, desto größer ist der Wert von $S_n$. Nun stellt sich die Frage: Wird $S_n$ unendlich groß? Lassen sich die Zahlen beliebig steigern?
Das Beispiel, das ich im ersten Band von *Mathematik durch die Hintertür* gebracht habe, zeigt uns, dass die Partialsummen der Glieder zwar immer größer werden, jedoch *die Zahl 2 niemals überschreiten*. Im ersten Band stellte ich außerdem folgende Reihe vor (die der Summe der Kehrwerte der Potenzen von 2):

$A_0 = 1 = 1 = 2 - 1$
$A_1 = 1 + 1/2 = 3/2 = 2 - 1/2$
$A_2 = 1 + 1/2 + 1/4 = 7/4 = 2 - 1/4$
$A_3 = 1 + 1/2 + 1/4 + 1/8 = 15/8 = 2 - 1/8$
$A_4 = 1 + 1/2 + 1/4 + 1/8 + 1/16 = 31/16 = 2 - 1/16$
$A_5 = 1 + 1/2 + 1/4 + 1/8 + 1/16 + 1/32 = 63/32 = 2 - 1/32$
$A_6 = 1 + 1/2 + 1/4 + 1/8 + 1/16 + 1/32 + 1/64 = 127/64 = 2 - 1/64$

Wenngleich die Elemente der Reihe $A_n$ offensichtlich wachsen, je größer der Index *n* wird, so wird doch keines jemals den Grenzwert 2 überschreiten. Wenn also der Index *n* ansteigt, *nimmt auch der entsprechende Wert von* $A_n$ *zu.* In der Fachsprache würde man sagen, dass es sich bei der Reihe $A_n$ um eine *streng monoton wachsende* Reihe handelt. Wir stellen also fest: Die Reihe wächst, *ist aber durch die Zahl 2 beschränkt.*

In dem Beispiel, das wir gerade analysieren, werden die Summen zwar auch immer größer, aber es ist nicht klar, ob es einen *Grenzwert oder Limes* gibt (wie oben die Zahl 2), der nicht überschritten werden kann. Wir hatten eine sogenannte Reihe ($S_n$) reeller Zahlen konstruiert, bei der auch der Wert von $S_n$ ansteigt, wenn der Index *n* größer wird. Nun stellt sich die Frage, ob die Zahlen $S_n$ unendlich wachsen.
Überlegen wir einmal Folgendes: Würde sie *nicht* unendlich wachsen, hieße das, dass es eine *Grenze* gibt, die bei beliebig großem Index *n* niemals überschritten wird. (Im Falle der Summe der Kehrwerte der Potenzen von 2 haben wir zum Beispiel gesehen, dass die *Zahl 2* der Grenzwert ist, der nicht »überwunden« werden kann, egal wie groß man den Index ansetzt.)
Sehen wir uns einige Glieder der Reihe an:

$$S_1 = 1$$
$$S_2 = 1 + 1/2$$
$$S_4 = 1 + 1/2 + (1/3 + 1/4)$$

Ich habe die beiden letzten Summanden absichtlich in Klammern gesetzt, denn wenn *man sie sich genauer ansieht,* stellt man fest, dass die Zahl

$$1/3 > 1/4$$

Das heißt:

$$(1/3 + 1/4) > (1/4 + 1/4) = 2/4 = 1/2 \quad (*)$$

Damit haben wir gezeigt, dass

$$S_4 > 1 + 1/2 + 1/2 = 1 + 2 \cdot (1/2) \quad (**)$$

Sehen wir uns nun den Fall von $S_8$ an:

$$S_8 = 1 + 1/2 + (1/3 + 1/4) + (1/5 + 1/6 + 1/7 + 1/8)$$

Wieder habe ich absichtlich einige Summanden in Klammern gesetzt, damit wir gemeinsam einige Überlegungen anstellen können. Wir haben bereits bei (*) gesehen, dass die erste Klammer (1/3 + 1/4) *größer* ist als (1/2). Betrachten wir nun die zweite Klammer:

$$(1/5 + 1/6 + 1/7 + 1/8)$$

Da

$$1/5 > 1/8$$
$$1/6 > 1/8$$
$$1/7 > 1/8$$

Folgt:

$$(1/5 + 1/6 + 1/7 + 1/8) > (1/8 + 1/8 + 1/8 + 1/8)$$

Das heißt:

$$(1/5 + 1/6 + 1/7 + 1/8) > \text{viermal } (1/8)$$
$$= 4 \cdot (1/8) = 1/2$$

Wir haben also herausgefunden, dass auch die zweite Klammer größer ist als (1/2). Damit befinden wir uns an einem wichtigen Punkt, denn nun wissen wir, dass

$$S_8 = 1 + 1/2 + (1/3 + 1/4) + (1/5 + 1/6 + 1/7 + 1/8)$$
$$> 1 + 1/2 + 1/2 + 1/2 = 1 + 3 \cdot (1/2) \quad (***)$$

Sehen wir uns nun $S_{16}$ an:

$$S_{16} = 1 + 1/2 + (1/3 + 1/4) + (1/5 + 1/6 + 1/7 + 1/8) + (1/9 + 1/10 + 1/11 + 1/12 + 1/13 + 1/14 + 1/15 + 1/16) \quad (****)$$

Wieder habe ich, wie oben, einige Glieder in Klammern zusammengefasst. In diesem Fall kommen im Vergleich zu $S_8$ die letzten *acht Summanden* hinzu, *die in der dritten Klammer erscheinen.* Das Interessante ist Folgendes:

$$(1/9 + 1/10 + 1/11 + 1/12 + 1/13 + 1/14 + 1/15 + 1/16)$$
$$> (1/16 + 1/16 + 1/16 + 1/16 + 1/16 + 1/16 + 1/16 + 1/16)$$
$$= (\text{achtmal die Zahl } 1/16) = 8 \cdot (1/16) = 1/2$$

Wenn wir also die Reihe (****) betrachten, können wir daraus schließen, dass

$$S_{16} = 1 + 1/2 + (1/3 + 1/4) + (1/5 + 1/6 + 1/7 + 1/8) +$$
$$(1/9 + 1/10 + 1/11 + 1/12 + 1/13 + 1/14 + 1/15 + 1/16)$$
$$> 1 + 1/2 + 1/2 + 1/2 + 1/2 = 1 + 4 \cdot (1/2)$$

An dieser Stelle fasse ich unsere bisherigen Erkenntnisse noch einmal zusammen und möchte Sie bitten, gemeinsam mit mir zu überlegen, welche Folgerung sich daraus ergibt:

$$S_1 = 1$$
$$S_2 = 1 + 1/2$$
$$S_4 > 1 + 2 \cdot (1/2)$$
$$S_8 > 1 + 3 \cdot (1/2)$$
$$S_{16} > 1 + 4 \cdot (1/2)$$

Würden wir nach diesem Muster fortfahren, könnten wir zum Beispiel feststellen, dass

$$S_{32} > 1 + 5 \cdot (1/2)$$
$$S_{64} > 1 + 6 \cdot (1/2)$$
$$S_{128} > 1 + 7 \cdot (1/2)$$

Das heißt: In dem Maße, wie der Index *n* von $S_n$ zunimmt, ist auch die Reihe $S_n$ größer als die Reihe $(1 + n \cdot (1/2))$. Die Ungleichung, die sich daraus ergibt, lautet:

$$S(_2{}^n) > (1 + n \cdot (1/2)) \qquad (1)$$

Da die rechte Seite der Ungleichung (1) *gegen unendlich strebt*, also beliebig groß werden kann, und die Reihe $S_n$ sogar noch größer ist, können wir daraus schließen, dass Letztere *ebenfalls gegen unendlich geht*. Mit anderen Worten: Wenn eine Reihe Glied für Glied größer ist als eine andere und jene *gegen unendlich strebt*, dann ist dies bei der ersten Reihe erst recht der Fall.
Wenn man also *unendlich addieren könnte*

$$1 + 1/2 + 1/3 + 1/4 + 1/5 + 1/6 + ... + 1/n + 1/(n + 1) + ...,$$

würde diese Summe *gegen unendlich streben*, das heißt, *jede beliebige Grenze überschreiten.*
$S_n$ ist unter dem Namen *harmonische Reihe* bekannt.

*Einige Zusatzbemerkungen:*

a) Obwohl die harmonische Reihe *divergiert* (also gegen unendlich strebt), muss man doch 83 Glieder addieren, um den Grenzwert 5 zu überschreiten. Mit anderen Worten, erst

$$S_{83} > 5$$

b) Man muss sogar 227 Glieder addieren, um die Zahl 6 zu überwinden.

c) Erst

$$S_{12367} > 10$$

d) Und man muss 250 Millionen Glieder addieren, um über 20 zu gelangen.

e) Im Jahr 1689 erschien mit der Abhandlung »Über unendliche Reihen« von Jakob Bernoulli der angeblich erste Beweis, dass die harmonische Reihe divergent ist. Diese Schrift wurde 1713 erneut gedruckt. Eine Reproduktion des Originals befindet sich in der Bibliothek der Ohio State University (USA). Obwohl Jakob Bernoulli schrieb, der Beweis sei seinem Bruder Johann Bernoulli zu verdanken, ist ein solcher bereits um 1350 erschienen. Der Mathematiker Nikolaus von Oresme (1323–1382) veröffentlichte in seinem Buch *Fragen zur Geometrie des Euklid* die klassische Beweisführung, die wir auch heute noch verwenden. Eine weitere geht auf den italienischen Mathematiker Pietro Mengoli (1625–1686) zurück, der dem Beweis von Bernoulli im Jahr 1647 ungefähr vierzig Jahre zuvorkam.

## Arithmetische Progressionen von Primzahlen

Sehen wir uns einmal folgende Zahlenfolgen an (zumindest die ersten Glieder):

{1, 2, 3, 4, 5 ... 10, 11, 12 ...}
{1, 3, 5, 7, 9, 11 ... 23, 25, 27, 29 ...}
{2, 4, 6, 8, 10, 12 ... 124, 126, 128 ...}
{7, 10, 13, 16, 19, 22 ... 43, 46, 49 ...}
{7, 17, 27, 37, 47 ... 107, 117, 127 ...}
{5, 16, 27, 38, 49 ... 126, 137, 148, 159 ...}

Bitte überlegen Sie selbst, wie es jeweils weitergeht. Dies ist viel unterhaltsamer, als einfach nur die Lösung nachzulesen.
Die erste Folge ist trivial. Sie ist die Folge *aller* natürlichen Zahlen. Das heißt, wir müssen bei jedem Glied 1 dazuaddieren.

{1, 2, 3, 4, 5 ... 10, 11, 12 ...}

Bei der zweiten Folge handelt es sich um die ungeraden Zahlen, das heißt, es sind jeweils 2 hinzuzuzählen. Sie fängt mit der 1 an, aber wir hätten natürlich auch mit jeder anderen Zahl beginnen können.

{1, 3, 5, 7, 9, 11 ... 23, 25, 27, 29 ...}

Die dritte Folge

{2, 4, 6, 8, 10, 12 ... 124, 126, 128 ...}

folgt derselben Regel: Wir fügen jeweils dem vorangegangenen Glied 2 hinzu.
Bei der Folge

{7, 10, 13, 16, 19, 22 ... 43, 46, 49 ...}

werden stets 3 hinzugezählt. Entscheidend ist auch die Zahl, mit der wir beginnen, in diesem Fall die 7.
Die nächste Folge

{7, 17, 27, 37, 47 ... 107, 117, 127 ...}

weist die Besonderheit auf, dass bei jedem Glied jeweils *10 zu addieren* sind, wobei genau wie im vorhergehenden Fall die 7 den Anfang bildet.
Bei der letzten Folge

{5, 16, 27, 38, 49 ... 126, 137, 148, 159 ...}

fügen wir jedem Glied jeweils 11 hinzu und beginnen mit 5. Alle diese Folgen haben viele Gemeinsamkeiten. Die wichtigste ist die, die sie *definiert*: Wenn man weiß, wie das erste Glied und die Zahl lauten, die addiert werden muss

(*Differenz oder Schrittweite* genannt), ist der Rest leicht zu erschließen.
Bei diesen Folgen spricht man von einer *arithmetischen Progression*:

> {1, 2, 3, 4, 5 ... 10, 11, 12 ...} :
> Das erste Glied ist 1 und die Schrittweite ebenfalls 1.
> {1, 3, 5, 7, 9, 11 ... 23, 25, 27, 29 ...} :
> Anfangsglied 1, Differenz 2.
> {2, 4, 6, 8, 10, 12 ... 124, 126, 128 ...} :
> Anfangsglied 2, Differenz 2.
> {7, 10, 13, 16, 19, 22 ... 43, 46, 49 ...} :
> Anfangsglied 7, Differenz 3.
> {7, 17, 27, 37, 47 ... 107, 117, 127 ...} :
> Anfangsglied 7, Differenz 10.
> {5, 16, 27, 38, 49 ... 126, 137, 148, 159 ...} :
> Anfangsglied 5, Differenz 11.

Wir könnten hier natürlich noch beliebig viele Beispiele hinzufügen, aber ich glaube, das ist nicht nötig. Ich möchte Ihnen nun ein Problem vorstellen, das die Zahlentheoretiker viele Jahre lang beschäftigt hat (und immer noch beschäftigt).
Sehen Sie sich einmal folgendes Beispiel an:

> {5, 17, 29, 41, 53}

Diese Folge[8] ist im Unterschied zu den oben genannten *beschränkt*. Sie besitzt lediglich *fünf Glieder*. Wir können

**8** Tatsächlich verwende ich das Wort *Folge* missbräuchlich, denn zu Beginn dieses Abschnitts waren die Folgen nicht beschränkt und jetzt

jedoch sagen, dass das erste Glied die 5 ist und jeweils 12 zum Vorwert addiert werden müssen. Die Folge endet mit der 53, denn sie weist eine weitere Besonderheit auf: bei den Zahlen handelt es sich ausschließlich um Primzahlen! Die nächste Zahl, die wir aufführen müssten, wäre 65, die jedoch *keine Primzahl ist* ($65 = 13 \cdot 5$). Wenn wir fordern, dass die Folge nur aus Primzahlen bestehen soll, *muss* sie demnach hier enden.
Nehmen wir uns noch eine weitere Folge vor:

{199, 409, 619, 829, 1.039, 1.249, 1.459, 1.669, 1.879, 2.089}

Das erste Glied der Folge ist die 199, die Schrittweite 210. Wie im vorangegangenen Fall handelt es sich bei allen Zahlen dieser Folge um Primzahlen. Sie besteht lediglich aus *zehn Gliedern*, zumal das nächste Glied die 2.299 wäre, die keine Primzahl ist! ($2.299 = 209 \cdot 11$)
Wie Sie merken, sind wir auf der Suche nach *arithmetischen Progressionen*, bei denen alle Glieder Primzahlen sind.

plötzlich sind sie es. Aber ich glaube, dass die allgemeine Idee dahinter verständlich ist. Die Zahlen {5, 17, 29, 41, 53} bilden den *Anfang* einer Folge, die (offensichtlich) auf *viele* verschiedene Arten fortgesetzt werden kann, zum Beispiel so: {5, 17, 29, 41, 53, 65, 77, 89, 101, 113, 125, ...}, wobei bei jedem Glied jeweils 12 hinzugezählt wird und 5 den Anfang bildet. Anders ausgedrückt, handelt es sich um eine Folge mit 5 als Anfangsglied und 12 als Differenz.
Aber es wäre auch möglich, folgendermaßen fortzufahren: {5, 17, 29, 41, 53, 5, 17, 29, 41, 53, 5, 17, 29, 41, 53, 5, 17, ...}. Es könnte sich daher um eine Folge handeln, die konstant ihre *ersten fünf Glieder* wiederholt. Es gibt also nicht nur *eine Möglichkeit*, eine Folge fortzuführen, wenn man lediglich einige Glieder kennt, sondern unendlich viele. Daher glaube ich, Sie selbst könnten auch noch sehr viele hinzufügen.

Weiter oben haben wir erfahren, dass arithmetische Folgen aus *fünf* und aus *zehn Primzahlen* existieren.
Zum heutigen Zeitpunkt (November 2006) besteht die längste bekannte arithmetische Progression von Primzahlen aus 22 Gliedern. Man fand sogar *zwei solcher Folgen*. Die erste beginnt mit der Zahl

11.410.337.850.553

und die *Differenz* der einzelnen Glieder ist:

4.609.098.694.200

Die zweite Folge besitzt als erstes Glied die Zahl

376.859.931.192.959

und die Schrittweite

18.549.279.769.020

Eine Frage beschäftigte die Experten viele Jahre lang, nämlich, ob es beliebig lange arithmetische Progressionen von Primzahlen gibt. Sie blieb bis zum Jahre 2004 unbeantwortet, und eigentlich ist sie es noch heute. Ich möchte allerdings darauf hinweisen, dass Green und Tao in einer gemeinsam veröffentlichten Arbeit aus dem Jahr 2004 ein Ergebnis verwendeten, das bislang noch nicht von der Fachwelt bestätigt worden ist und mit dem der Beweis erbracht werden könnte, dass es solche Folgen von Primzahlen tatsächlich *gibt*. Die »längsten« sind jedoch nach wie vor die beiden, die ich oben beschrieben habe, mit je 22 Gliedern.

## Modelle: Licht an, Licht aus

Was soll das heißen, *modellieren*? Ja, ich weiß: ein Modell erstellen. Aber wie könnte man die Mathematik einsetzen, um ein praktisches Problem zu lösen? Ich meine, wenn man ein Problem hat, sich hinsetzt, darüber nachdenkt und es fällt einem nicht ein, wie man es angehen könnte. Manchmal gelingt es, das Problem umzuformen und auf eine einfachere Ebene zu bringen, so dass man das Gefühl hat, damit besser arbeiten zu können. Vielleicht liegt darin auch schon der entscheidende Trick, um zu einer Lösung zu gelangen.
Nehmen wir an, wir haben ein Brett, auf dem eine gewisse Anzahl von Lampen angebracht ist. Jede Lampe sitzt an einer *nummerierten* Stelle und kann außerdem jeweils an- oder ausgeschaltet werden. Die Frage ist: Wie viele verschiedene Kombinationsmöglichkeiten von an- und ausgeknipsten Lichtern haben wir? Anders gefragt, wie viele verschiedene Anordnungen sind denkbar?

Wenn nur eine einzige Lampe auf dem Brett angebracht ist, gibt es zwei mögliche Varianten: Entweder ist das Licht an- oder ausgeschaltet. Und nun beginnen wir mit der *Modellierung*. Ich möchte also ein *Modell* konstruieren, das uns hilft, mit unserem Problem leichter umzugehen.
Wenn das Licht ausgeschaltet ist, kennzeichnen wir es mit einer 0, wenn es an ist, mit einer 1:

| | |
|---|---|
| An | 0 |
| Aus | 1 |

Wenn sich auf dem Brett nun zwei nummerierte Lampen befinden, wie viele Anordnungen sind dann möglich?

Aus-Aus, also 00
Aus-An, also 01
An-Aus, also 10
An-An, also 11

Es gibt also *vier* Möglichkeiten:

00, 01, 10 und 11

Gäbe es auf dem Brett nun *drei nummerierte Lampen*, ergäben sich die Konstellationen

000, 001, 010, 011, 100, 101, 110 und 111 (*)

wobei die 0 wieder kennzeichnet, dass das entsprechende Licht aus ist, die 1, dass es angeschaltet ist.
Demnach kommen wir auf *acht mögliche Konstellationen*:

| | |
|---|---|
| 1 Lampe | $2 = 2^1$ Anordnungen |
| 2 Lampen | $4 = 2^2$ Anordnungen |
| 3 Lampen | $8 = 2^3$ Anordnungen |

Bevor wir fortfahren, denken Sie darüber nach, welche Situation sich ergibt, wenn *vier* nummerierte Lampen auf dem Brett montiert sind. Anstatt die Lösung *niederzuschreiben*, möchte ich mir eine Regel ausdenken, die sich auf *alle* denkbaren Fälle anwenden lässt. Das heißt, ich will *errechnen* können, wie viele Kombinationen möglich sind, *ohne* sie alle *auflisten* zu müssen.

Nehmen wir an, wir hätten vier Lampen, wobei die vierte ausgeschaltet ist, also eine 0 an letzter Stelle steht: Wie verhält es sich dann mit den Anordnungen für die drei ersten? Wir kennen die Antwort bereits, da es sich hier um die Konstellationen aus (*) handelt. Demnach müssen wir bei den Möglichkeiten, die hier auftauchen, lediglich eine Null am Ende anfügen und schon haben wir alle möglichen Anordnungen für vier Lampen, *wenn die letzte ausgeschaltet ist.*
Sie lauten:

000**0**, 001**0**, 010**0**, 011**0**, 100**0**, 101**0**, 110**0** und 111**0** (**)

Wie Sie wahrscheinlich bereits vermutet haben, treten noch weitere acht Anordnungen auf, die Sie ebenfalls aus der Liste (*) erhalten, wobei nun die letzte Lampe eingeschaltet ist, das heißt, am Ende eine 1 steht.
Wir haben also:

000**1**, 001**1**, 010**1**, 011**1**, 100**1**, 101**1**, 110**1** und 111**1** (***)

Die Zahl **0** und die Zahl **1** habe ich absichtlich fett gesetzt, um hervorzuheben, dass die Kombinationen der ersten drei Lampen denen entsprechen, die wir in (*) gesehen haben. Die ersten *acht* Möglichkeiten mit vier Lichtern entfallen auf diejenigen, die mit 0 aufhören, die zweiten acht auf diejenigen, die mit 1 enden.
Welche Folgerung können wir daraus ziehen? Bei drei Lampen erhalten wir $2^3 = 8$ Möglichkeiten. Sobald wir noch eine Lampe hinzufügen, müssen wir unser vorheri-

ges Ergebnis mit **2** multiplizieren (da wir ja jeweils eine **0** oder eine **1** am Ende ergänzen). Wenn man also vier Lichter hat, ist die Zahl der Anordnungen doppelt so groß wie bei dreien (wenn es vorher $2^3 = 8$ Kombinationen waren, sind es nun *doppelt so viele*, also: $2^3 + 2^3 = 2 \cdot 2^3 = 2^4 = 16$).
Ich glaube, jetzt ist klar, warum sich bei einem Brett mit *fünf Lämpchen*

$$2 \cdot 2^4 = 2^5 = 32$$

Kombinationen ergeben und so weiter. So dass wir bei *n* Lampen $2^n$ Möglichkeiten erhalten.
Die Modellierung mit Nullen und Einsen erlaubt uns außerdem, in Sequenzen dieser Zahlen zu denken, statt mit einem Lampenbrett zu arbeiten.

## *Eine sehr interessante (und sehr nützliche) Anwendung*

Um das Thema der Modellierung zu vertiefen, möchte ich Ihnen eine weitere Möglichkeit zeigen, das vorstehende Problem (mit den Sequenzen von Nullen und Einsen) anzuwenden.
Angenommen, wir haben einen Beutel, in dem sich vier Gegenstände befinden: eine Uhr, ein Taschenrechner, ein Buch und ein Füller. Wie viele verschicdene Möglichkeiten gibt es, sie als Geschenke zu kombinieren? Wir können *ein einziges*, *zwei*, *drei* oder alle *vier Objekte* zugleich verschenken. Wenn wir das obige Modell mit Sequenzen aus *Nullen* und *Einsen* verwenden, ord-

nen wir zunächst jedem Gegenstand eine Zahl zu. Zum Beispiel:

1 = Uhr
2 = Taschenrechner
3 = Buch
4 = Füller

Stellen wir uns jetzt vor, dass sich unter den Gegenständen jeweils ein leeres Fach befindet.

1 2 3 4

Wenn die Zahl *Eins* in einem Fach auftaucht, heißt das, dass wir dieses Geschenk ausgewählt haben. Eine Null bedeutet, dass wir das Geschenk nicht gewählt haben.
Die Sequenz

1010

besagt also, dass wir zwei Gegenstände verschenken: die Nummer 1 und die Nummer 3, nämlich die Uhr und das Buch.
Aus der Sequenz

1111

lässt sich schließen, dass wir alle vier Objekte ausgewählt haben.
Und die Sequenz

0001

zeigt an, dass wir nur den Füller verschenken. Jede dieser Sequenzen aus Nullen und Einsen steht also für eine mögliche Kombination der Gegenstände. Wenn wir so verfahren wie oben im Falle der ein- oder ausgeschalteten Lampen, müssen wir uns nur *erinnern*, wie viele dieser Sequenzen denkbar sind.
Und schon wissen wir, dass es $2^4 = 16$ mögliche Kombinationen gibt.
Natürlich müsste man die Sequenz »0000« ausschließen, da dies ja bedeuten würde, dass man *gar nichts auswählt*.
Das Interessante an dieser *Modellierungsmethode* ist, dass wir mit ihr alle Kombinationsmöglichkeiten von vier Gegenständen berechnen können, ohne eine Liste aller möglichen Fälle anzufertigen. Oder anders ausgedrückt, wir können berechnen, wie viele Teilmengen sich mit vier Elementen bilden lassen.
Was wir eben mit vier Gegenständen veranschaulicht haben, lässt sich natürlich verallgemeinern. Wenn man also zehn Gegenstände hat und wissen will, wie viele Teilmengen man bilden kann, lautet das Ergebnis $2^{10} = 1.024$ (wenn man die leere Menge – also wenn kein Gegenstand gewählt wird – als Teilmenge mit einschließt. Andernfalls lautet das Ergebnis $2^{10} - 1 = 1.023$).
Allgemein gesprochen: Wenn man eine Menge mit *n* Elementen hat und wissen möchte, wie viele Teilmengen sich daraus bilden lassen, lautet die Antwort:

$2^n$ Teilmengen,

wenn man den Fall der leeren Teilmenge mit einbezieht. Ansonsten muss man rechnen:

Das Wichtigste an diesem Kapitel ist, dass wir uns mit der *Modellierung* vertraut gemacht haben, zumindest in diesem besonderen Fall. Außerdem haben wir gelernt, Teilmengen einer endlichen Menge zu berechnen.

## Wie rechnet ein Computer? (Binäre Zahlen)

Es gibt zehn Arten von Menschen auf der Welt: Jene, die das binäre System verstehen, und jene, die es nicht verstehen.

ANONYM

Wenn ein Computer sprechen könnte und man ihn bitten würde zu zählen, würde er Folgendes antworten (lesen Sie die folgende Liste durch und versuchen Sie, das *Muster* zu verstehen):

0
1
10
11
100
101
110
111
1000
1001
1010
1011
1100
1101
1110
1111 (*)
10000
10001
10010
10011
10100
10101
10110
10111
11000
11001
11010
11011
11100
11101
11110
11111
100000 ...

Als Erstes fällt auf, dass der Computer *ausschließlich* die Ziffern 0 und 1 benutzt. Was noch? Um zu zählen, muss er sie immer öfter wiederholen, also immer mehr *Ziffern* verwenden. Das heißt, die ersten zwei Zahlen in der Liste entsprechen genau der 0 und der 1, die wir tagtäglich (in der sogenannten *Dezimal*schreibweise) benutzen. Doch sobald der Computer bis zur Zahl 2 zählt, benötigt er zwei Stellen bzw. Zahlen mit zwei Ziffern, da er ja nur auf Nullen und Einsen zurückgreifen kann. Daher nimmt er

10 und 11

Diese entsprechen der Zahl 2 und der Zahl 3 unserer *Dezimal*schreibweise. Damit sind die Möglichkeiten dieser zwei Ziffern (0 und 1) erschöpft, so dass er eine dritte Stelle bzw. eine dreistellige Zahl benötigt, um fortzufahren. Daher beginnt er mit der 100:

100, 101, 110, 111

Diese dienen ihm als 4, 5, 6 und 7.
Und wieder gehen ihm die Möglichkeiten aus. Wenn er bis zur 8 kommen will, muss er seine Ziffern erweitern, das heißt vier Stellen verwenden. Er greift also auf

1000, 1001, 1010, 1011, 1100, 1101, 1110, 1111

zurück.
Damit sind folgende Zahlen abgedeckt:

8, 9, 10, 11, 12, 13, 14 und 15

Soweit alles klar?
Nun gehe ich einen Schritt weiter: Um die 16 zu erreichen, braucht er eine fünfstellige Zahl. Sehen Sie in der Liste (*) nach, und Sie finden folgende Zahlen:

10000, 10001, 10010, 10011, 10100, 10101, 10110, 10111, 11000, 11001, 11010, 11011, 11100, 11101, 11110 und 11111.

Können wir noch weitere Muster entdecken? Schauen wir einmal genau hin.
Die 0 und die 1 *stellen sich selbst dar*, da gibt es nichts zu überlegen. Aber jetzt kommen noch ein paar weitere Dinge ins Spiel:

a) 10 = 2
b) 100 = 4
c) 1000 = 8
d) 10000 = 16

Wenn Sie diesen Verlauf weiterverfolgen, entdecken Sie:

e) 100000 = 32
f) 1000000 = 64

Das heißt, es steht zu vermuten, dass eine *Eins*, auf die *Nullen* folgen, *immer eine Potenz von 2* ist.

$1 = 2^0$
$10 = 2^1$
$100 = 2^2$
$1000 = 2^3$

$10000 = 2^4$

$100000 = 2^5$

$1000000 = 2^6$

$10000000 = 2^7$

Und so könnte man immer weiter fortfahren.
Die in der Liste (*) verwendete Zählung nennt man allgemein das *binäre Zahlensystem*. Es heißt deshalb so, weil nur zwei Ziffern daran beteiligt sind: die 0 und die 1.
Angenommen, ich lege Ihnen jetzt eine beliebige Zahl vor, die nur aus Nullen und Einsen besteht: Wie geht man vor, um ihre Entsprechung im Dezimalsystem zu ermitteln?
Hier möchte ich kurz für eine Beobachtung innehalten.
Schreibt man (in der dezimalen Schreibweise) die Zahl

378

bedeutet dies (in abgekürzter Form), dass man

$300 + 70 + 8$

addieren muss.
Genauso verhält es sich mit

34695

Es sagt aus, dass man

$30000 + 4000 + 600 + 90 + 5$

addiert.

Behalten wir diesen Gedankengang im Kopf, wenn wir eine Zahl in binärer Schreibweise notieren, zum Beispiel

11010

Dies bedeutet demnach, dass man

10000 + 1000 + 10

addiert, und in Übereinstimmung mit unseren soeben erworbenen Erkenntnissen impliziert dies zugleich, dass bestimmte Potenzen von 2 addiert werden müssen. In diesem Fall:

$$\begin{aligned} & 10000 = 2^4 = 16 \\ + & 1000 = 2^3 = 8 \\ + & 10 = 2^1 = 2 \end{aligned}$$

Daher ist die Zahl 11010 = 26 ( = 16 + 8 + 2).

Ein weiteres Beispiel: Die Zahl 1010101 geht hervor aus der *binären* Schreibung der Zahl

$$1000000 + 10000 + 100 + 1 =$$
$$(2^6 + 2^4 + 2^2 + 2^0) = 64 + 16 + 4 + 1 = 85$$

Ich glaube, nach diesen Beispielen sind Sie in der Lage, binäre Zahlen in Dezimalzahlen umzurechnen.
Um Ihnen noch etwas mehr Sicherheit zu verschaffen, füge ich einige weitere Beispiele hinzu, deren Lösungen Sie weiter unten finden.

Rechnen Sie folgende *binäre* Zahlen ins Dezimalsystem um:

a) 11111
b) 10111
c) 100100
d) 101001
e) 100101001
f) 11111111110

Eine andere mögliche Frage wäre, ob sich jede beliebige Zahl in binärer Schreibung darstellen lässt. Und wenn ja, wie geht man dabei vor? Das heißt, wir müssen zumindest wissen, wie wir eine Zahl ins binäre System übertragen können. Ich werde im Folgenden einige Beispiele anführen und bin sicher, dass Sie die *allgemeine* Vorgehensweise ableiten können. Ich an Ihrer Stelle würde es auf jeden Fall *versuchen*. Es wäre sehr nützlich und auch viel interessanter, wenn Sie es einmal mit Ihren eigenen Mitteln probieren.

### *1. Beispiel*

Nehmen wir als Beispiel die Zahl 13. Wie können wir ihre Schreibung in binären Zahlen *ermitteln*?
Ein mögliches Verfahren besteht darin, sie zunächst durch 2 zu teilen und bei jeder Division den Rest zu notieren. 13 durch 2 ergibt **6**, bleibt als *Rest 1*.
Also:

$$13 = \mathbf{6} \cdot 2 + \mathbf{1} \quad (**)$$

Jetzt dividieren wir die Zahl, die wir als *Quotienten* erhielten, nämlich die 6. Wir teilen durch 2, Ergebnis 3, es bleibt *kein Rest*, bzw. *der Rest ist 0*.
Das heißt:

$$6 = \mathbf{3} \cdot 2 + \boxed{\mathbf{0}} \quad (***)$$

Den so gewonnenen *Quotienten,* die 3, teilen wir erneut *durch 2* und erhalten:

$$3 = \mathbf{1} \cdot 2 + \boxed{\mathbf{1}} \quad (****)$$

Zuletzt dividieren wir unseren neuen Quotienten, die 1, wieder durch 2. Das Ergebnis lautet:

$$1 = \mathbf{0} \cdot 2 + \boxed{\mathbf{1}} \quad (*****)$$

Wenn wir schließlich unseren Weg zurückverfolgen und die errechneten *Reste* (die Zahlen in den Kästchen) durchgehen, erhalten wir

1101

Das heißt: Ich bin den Weg noch einmal zurückgegangen, wobei ich jeweils den Rest markiert und mich vom letzten bis zum ersten vorgearbeitet habe. Auf diese Weise erhielt ich die Zahl im *binären* Zahlensystem.
Nun überlasse ich es Ihnen aufzuzeigen, dass 1101 genau der 13 entspricht, die wir gesucht haben.

*2. Beispiel*

Wie lautet die *binäre* Darstellung der Zahl 513?
Beginnen Sie wieder mit der Division durch 2, notieren Sie sowohl die Quotienten als auch die Reste. Die berechneten Quotienten teilen Sie weiterhin durch 2. Die Reste benötigen wir dann, wenn wir die Liste von unten nach oben durchgehen und auf diese Weise die gesuchte Zahl ermitteln.
Demnach sind folgende Berechnungen anzustellen:

$$
\begin{aligned}
513 &= \mathbf{256} \cdot 2 + \boxed{1} \\
256 &= \mathbf{128} \cdot 2 + \boxed{0} \\
128 &= \mathbf{64} \cdot 2 + \boxed{0} \\
64 &= \mathbf{32} \cdot 2 + \boxed{0} \\
32 &= \mathbf{16} \cdot 2 + \boxed{0} \\
16 &= \mathbf{8} \cdot 2 + \boxed{0} \\
8 &= \mathbf{4} \cdot 2 + \boxed{0} \\
4 &= \mathbf{2} \cdot 2 + \boxed{0} \\
2 &= \mathbf{1} \cdot 2 + \boxed{0} \\
1 &= \mathbf{0} \cdot 2 + \boxed{1}
\end{aligned}
$$

Nun erhalten wir die gesuchte Zahl (die binäre Darstellung von 513), indem wir die errechneten Reste von unten nach oben lesen:

1000000001

*3. Beispiel*

Nun wollen wir die *binäre* Schreibweise der Zahl 173 herausfinden. (Ich wähle relativ kleine Zahlen, damit die Rechnungen nicht zu lang werden.)

$$
\begin{array}{rcrl|c|}
\hline
173 & = & \mathbf{86} & \cdot 2 + & 1 \\
86 & = & \mathbf{43} & \cdot 2 + & 0 \\
43 & = & \mathbf{21} & \cdot 2 + & 1 \\
21 & = & \mathbf{10} & \cdot 2 + & 1 \\
10 & = & \mathbf{5} & \cdot 2 + & 0 \\
5 & = & \mathbf{2} & \cdot 2 + & 1 \\
2 & = & \mathbf{1} & \cdot 2 + & 0 \\
1 & = & \mathbf{0} & \cdot 2 + & 1 \\
\hline
\end{array}
$$

Wieder lesen wir die Reste *von unten nach oben* ab und erhalten so die gesuchte binäre Zahl:

10101101

Ich glaube, nun sind Sie in der Lage, die binäre Schreibweise jeder beliebigen Zahl herauszufinden. Und nicht nur das: Sie können auch bestätigen, dass Sie sie mithilfe dieser Methode *immer* ermitteln können. Wir halten also fest, dass *jede* Zahl in Dezimalschreibweise eine *eindeutige* binäre Darstellung erlaubt. Und umgekehrt: Jede binäre Zahl lässt sich auch eindeutig in Dezimalschreibung darstellen. Daraus folgt, dass die Computer die binären Zahlen benutzen dürfen, so oft und so lange sie wollen. Schwierigkeiten gibt es dabei nicht, abgesehen von der Länge oder, wenn Sie so wollen, der »Schlange« von Kombinationen aus Nullen und Ein-

sen, die selbst für eine relativ kleine Zahl benötigt werden.
Eine berechtigte Frage an dieser Stelle wäre, warum die Computer eigentlich auf *Nullen* und *Einsen beschränkt* sind.
Die Funktionsweise des Computers muss man sich wie eine Schranke vorstellen, die sich öffnet oder schließt, um ein Auto passieren zu lassen, je nachdem, ob gerade ein Zug kommt oder nicht. Wenn sie geschlossen ist, kann man nicht durchfahren, wenn sie geöffnet ist schon. Dieses Bild entspricht elektrischen Impulsen, das heißt, die Schranke ist entweder *unten*, was wir durch eine *Null* darstellen (weil man nicht weiterfahren kann), oder sie ist *oben*, was mit einer Eins gekennzeichnet ist. Da also die Stromkreise, mit denen die Computer ausgerüstet sind, den Strom entweder fließen lassen oder *nicht*, wird dies (grob gesagt) durch Kombinationen von *Nullen* und *Einsen* angegeben.

*Lösung:*

Die Ergebnisse lauten:

a) 31
b) 23
c) 36
d) 41
e) 297
f) 2.046

# Wahrscheinlichkeiten, Schätzungen, Kombinationen und Widersprüche

... die glasklare Logik eines Kindes, das sich weigerte, den Buchstaben »a« zu erlernen, wissend, dass darauf »b«, »c«, »z« und »die gesamte Grammatik und französische Literatur« folgen würden.

SIMONE DE BEAUVOIR

## Die Prüfung, die nicht stattfinden kann

Stellen wir uns gemeinsam folgende Situation vor: Ein Lehrer am Gymnasium (die Armen … sie »kriegen alles ab« …) kündigt den Schülern an, dass sie in der darauf folgenden Woche eine »Ex« schreiben werden. Die Schüler bekommen Ganztagsunterricht, sie sind also von früh bis spät in der Schule.

Der Lehrer erklärt, die Prüfung könne jeden Tag um Punkt ein Uhr mittags stattfinden. Die Schüler würden jedoch am Tag der Prüfung um acht Uhr morgens davon erfahren, nicht früher und nicht später. Die Regeln würden streng eingehalten, wofür er selbst garantiere.

Am Freitag vor der fraglichen Woche, kündigt der Lehrer an, dass die Prüfung in jedem Fall stattfinden werde. Sehen wir uns nun die Überlegungen an, die die Schüler anstellen.
Einer stellt fest: »Am Freitag kann er sie nicht abhalten.«
»Warum nicht?«, fragt ein anderer.
»Ganz einfach!«, antwortet der Erste. »Wenn er sie am Donnerstag immer noch nicht hat schreiben lassen, wüssten wir ja *schon einen Tag vorher*, wann die Prüfung ansteht, denn es bleibt ja kein anderer Tag mehr. Aber damit würde der Lehrer gegen seine eigenen Regeln verstoßen, da er ja bekannt gegeben hatte, dass wir erst am selben Tag um 8 Uhr morgens davon erfahren würden. Wenn er sie am Donnerstag noch nicht abgenommen hat, wäre für uns klar, dass sie am Freitag kommt. Und das kann nicht sein«, schloss er überzeugend.
»Nein, warte!«, wirft ein anderer ein. »Am Donnerstag kann er sie auch nicht schreiben lassen«, rief er voller Begeisterung und steckte die anderen gleich mit an. »Wisst ihr warum? Wir wüssten ja, dass er sie am Freitag nicht abhalten kann (wenn sie bis Donnerstag nicht stattgefunden hat), und wenn er sie am Mittwoch nicht abnimmt, wäre uns noch an diesem Tag (am Mittwoch) klar, dass er sie am Donnerstag halten muss. Aber damit würde er wieder gegen seine eigenen Regeln verstoßen. Denn wir wüssten schon am Mittwochmorgen, dass er die Prüfung – so sie nicht am selben Tag stattfindet – am Donnerstag ansetzen müsste, da es am Freitag ja nicht möglich ist. Und jetzt hat der Lehrer ein Problem. Denn wie Sie merken, können wir nun so weitermachen und zeigen, dass er sie auch am Mittwoch nicht schreiben lassen kann. Aufgrund der Tatsache, dass sie am Dienstag nicht

stattgefunden hat, müsste er die Prüfung am Mittwoch abhalten, da es ja weder am Donnerstag noch am Freitag möglich ist.«

Dieses Verfahren lässt sich beliebig fortführen, so dass man unweigerlich zu dem Schluss kommt, die Prüfung könne nie stattfinden. Oder besser gesagt, sie kann an keinem Tag dieser Woche abgehalten werden, zumindest nicht zu den Bedingungen, die der Lehrer vorgeschlagen hat!

Hier endet die Geschichte. Das Paradox ist nach wie vor ungelöst. Es wird viel darüber diskutiert, und es gibt Studien in den unterschiedlichsten Richtungen, ohne dass ein mehrheitlicher Konsens darüber gefunden worden wäre, wo der Kern des Problems liegt.

Natürlich lassen die Lehrer »Exen« schreiben. Sodass hier etwas nicht stimmen kann. Die Regeln, die der Lehrer aufgestellt hat, sind *unerfüllbar*. Entweder muss er sie überdenken und akzeptieren, dass die Schüler bereits am Vortag der Prüfung davon wissen, oder der *Überraschungseffekt* müsste etwas mehr hinterfragt werden.

## Die Wahrscheinlichkeit, dass der Favorit die Weltmeisterschaft gewinnt

Folgendes Beispiel, wie man mithilfe der Mathematik die Chancen einer – als *Favorit* eingestuften – Fußballmannschaft kalkulieren kann, die Weltmeisterschaft zu gewinnen, habe ich von Alicia Dickenstein, die es anlässlich einer Gesprächsrunde im Teatro San Martín in der Stadt Buenos Aires, die im Rahmen des ersten Festivals »Buenos Aires Piensa« stattfand, erzählte. Selbstverständlich habe ich ihre Erlaubnis zur Veröffentlichung eingeholt. Sie wies mich jedoch darauf hin, dass ihr Robert Miatello davon erzählt hatte, ein exzellenter argentinischer Mathematiker, Professor an der Fakultät für Mathematik, Astronomie und Physik (FAMAF) an der Universidad Nacional de Córdoba.

Das Reizvolle an diesem Beispiel ist, dass es hier nicht darum geht, die Wahrscheinlichkeit zu berechnen, dass irgendeine Mannschaft gewinnt, sondern der allgemein anerkannte *Favorit*, wie etwa Brasilien oder Argentinien, um bloß ein paar Beispiele zu nennen.

Nehmen wir an, eine dieser Mannschaften erreicht das Achtelfinale des Turniers. Somit bleiben 16 Mannschaften, die nach dem K.o.-Prinzip (der Verlierer scheidet also aus und der Gewinner bleibt im Wettbewerb) gegeneinander antreten. Daraus folgt auch, dass die Mannschaft viermal hintereinander gewinnen muss, um Champion zu werden: das Achtel-, das Viertel-, das Halbfinale und das Endspiel.

Nehmen wir der Einfachheit halber an, die Wahrscheinlichkeit, dass dieser Favorit *gegen jede beliebige Mannschaft* gewinnt, liegt bei 66 Prozent – ganz unabhängig von anderen Faktoren, wie die Moral der Mannschaft, die vorangegangenen Erfolge während des Wettbewerbs usw. Die Experten sprechen der Mannschaft die Fähigkeit zu, *zwei von drei Spielen gegen jeden beliebigen Gegner für sich zu entscheiden*. Mit anderen Worten beträgt die *Wahrscheinlichkeit*, dass sie jede andere Mannschaft schlägt, 2/3.

Berechnen wir nun mithilfe dieser Daten, wie hoch die Wahrscheinlichkeit ist, dass sie die vier aufeinanderfolgenden Matches gewinnt und zum Champion gekürt wird.

Dafür muss man die Zahl 2/3 bei jedem Schritt multiplizieren. Also:

a) Die Wahrscheinlichkeit, dass sie das erste Spiel für sich entscheidet, kennen wir schon:

$$2/3$$

b) Die Wahrscheinlichkeit, die *beiden* ersten Spiele zu gewinnen, beträgt:

$$(2/3) \cdot (2/3) = (2/3)^2 = 4/9 \quad (*)$$

c) Die Wahrscheinlichkeit, als Sieger *dreier aufeinanderfolgender Spiele* hervorzugehen, beläuft sich auf:

$$(2/3) \cdot (2/3) \cdot (2/3) = (2/3)^3 = 8/27$$

Und schließlich:

d) Die Wahrscheinlichkeit, *vier Spiele hintereinander zu gewinnen und Weltmeister zu werden*, liegt bei:

$$(2/3) \cdot (2/3) \cdot (2/3) \cdot (2/3) = (2/3)^4 = 16/81 = 0{,}1975 < 0{,}20$$

Das heißt, dass die Chancen, dass eine Mannschaft mit den genannten Charakteristika Weltmeister wird, *weniger als 20 Prozent betragen*.
Das klingt kurios und verdient eine Interpretation.
Dass eine Mannschaft doppelt so gut ist wie jeder beliebige Gegner, ist ganz offensichtlich ein Vorzug. Daran gibt es nichts zu deuteln. Wenn sie aber noch vier Spiele

vor sich hat, lässt sich nicht viel mehr sagen, als dass sie weniger als 20 Prozent Chancen auf den Pokal hat. Und das ist doch überraschend, nicht wahr?
Gehen wir noch einen Schritt weiter. Bei diesem Beispiel verwendete ich die Zahl 2/3, um zu zeigen, wie die Gewinnchancen abnehmen, je weiter das Turnier voranschreitet, selbst wenn es sich um eine sehr gute Mannschaft handelt. Diese Zahl kann man jedoch auch durch jede andere ersetzen, die man für angemessener hält, und die gleiche Rechnung aufstellen.
Wenn die Gewinnchancen einer favorisierten Mannschaft bei jedem Spiel tatsächlich bei 3/4 liegen (also bei sehr hohen 75 Prozent), lässt sich die Wahrscheinlichkeit, dass sie zum Weltmeister gekürt wird, folgendermaßen berechnen:

$$(3/4)^4 = 81/256 = 0{,}3164...$$

Sie beträgt also *nur wenig mehr als 30 Prozent.*

## Eine Erbschaft von unendlich vielen Münzen

Eine Herausforderung an die Intuition – so könnte der Titel dieses Kapitels ebenfalls lauten. Wir alle haben bestimmte Vorstellungen über die Dinge: Meinungen, vorgefertigte Urteile. Dies wirkt grundsätzlich beruhigend, da sie uns vor Ängsten schützen, die mit der Konfrontation mit dem Unbekannten verbunden sind. Natürlich würde man gerne die – mehr oder weniger umfassenden – Kenntnisse, die man hat, auf alle Situationen, in die wir geraten könnten, *übertragen* und anwenden.

Aber dies ist offenkundig unmöglich. Es gibt jedoch Momente, in denen wir uns gänzlich auf unsere Intuition verlassen. Manchmal liegen wir richtig. Und manchmal nicht.

Ich bitte Sie, sich folgendes (selbstverständlich fiktives) Beispiel vorzustellen, bei dem es um *unendlich* große Mengen geht:[9] Ein Mann hatte zwei Söhne. Er war sehr reich … so reich, dass sein Vermögen *unendlich* war. Da er wusste, dass er bald sterben würde, rief er seine beiden Söhne zu sich und sagte zu ihnen, bevor er von ihnen ging: »Ich habe euch beide gleich lieb. Ich habe auch keine weiteren Erben, daher hinterlasse ich euch meinen Besitz, bestehend aus Ein-Peso-Münzen.« (Er vererbte ihnen also *unendlich* viele Ein-Peso-Münzen.) »Ich möchte aber, dass ihr die Erbschaft *gerecht* unter euch *aufteilt*. Ich wünsche, dass keiner den anderen zu übervorteilen versucht.« Und der Mann verschied.

Nennen wir die beiden Söhne beispielshalber A und B. Nachdem die beiden natürlich eine gewisse Zeit getrauert haben, beschließen sie, sich zusammenzusetzen und darüber nachzudenken, *wie* sie die Erbschaft gemäß dem letzten Wunsch ihres Vaters aufteilen sollen. Nach einiger Zeit hat A eine Idee, die er B vorschlägt:

»Machen wir es doch so«, erklärt A. »Nummerieren wir die Münzen fortlaufend, also mit 1, 2, 3, 4, 5 usw. Als Nächstes suchst du dir *zwei beliebige Münzen* aus. Dann

9 Dieses Problem legte mir Cristian Czubara vor, der 1996 Schüler bei mir war. Heute ist er ein guter Freund und lehrt an der Fakultät für Naturwissenschaften der UBA. Es erschien mir sehr interessant und dient dazu, unsere Fähigkeit, *über unendlich große Mengen nachzudenken*, auf die Probe zu stellen.

bin ich dran. Ich suche mir eins deiner Geldstücke aus. Du bist wieder dran. Erneut wählst du zwei Münzen aus der Erbschaft, und ich suche mir eine davon aus usw. Du nimmst immer *zwei*, und ich bekomme jeweils *eine* davon.«

B muss darüber erst einmal nachdenken. Ich empfehle Ihnen, sich ihm anzuschließen (bevor Sie die Antwort nachlesen): Ist der Vorschlag von A gerecht und fair? Wird die Erbschaft zu gleichen Teilen verteilt? Wird der letzte Wille des Vaters respektiert?

Ich weiß sehr gut, dass man manchmal in Versuchung gerät, weiterzublättern und die Lösung nachzulesen, aber in diesem Fall nehmen Sie sich die Möglichkeit, einer neuen Herausforderung zu begegnen. Niemand sieht Ihnen zu. Keiner kontrolliert Sie. Und nebenbei stellen Sie Ihre *Intuition auf die Probe*.

### *Lösung:*

Dieses Problem ist insofern interessant, als es keine eindeutige Lösung dafür gibt. Man kann nämlich weder sagen, dass der Vorschlag *gerecht*, *noch* dass er *ungerecht* sei. Sehen wir uns die Sache genauer an:

1. Fall: Angenommen, As Plan würde folgendermaßen umgesetzt:

B wählt die Münzen 1 und 2.

A nimmt daraufhin Geldstück 2.

B wählt die Münzen 3 und 4.

A nimmt die 4.

B wählt die Münzen 5 und 6.
A nimmt sich die 6.

Ich glaube, dass das *Muster*, dem sie folgen, deutlich ist. B wählt zwei aufeinanderfolgende Münzen, eine ungerade und eine gerade, und A nimmt jeweils die *gerade* Münze. Ist dieses Verfahren gerecht? Man könnte sagen ja, denn B erhält dadurch alle *ungeraden* Münzen und A alle *geraden*. Bei dieser Verteilung der Erbschaft wird also der Wunsch des Vaters berücksichtigt: Keiner von beiden erhält einen Vorteil.

2. Fall: Nehmen wir nun an, die Verteilung läuft folgendermaßen ab:

B wählt die Münzen 1 und 2.
A nimmt Geldstück 1.
B wählt die Münzen 3 und 4.
A nimmt die 2 (die B in der ersten Runde gewählt hatte).
B wählt die Münzen 5 und 6.
A entscheidet sich für die 3.
B wählt die Münzen 7 und 8.
A nimmt die Münze 4 ...

Erscheint Ihnen die Verteilung gerecht? Bitte lesen Sie nicht weiter, sondern denken Sie darüber nach. Wenn dieser Ablauf so weitergeht, und das wird er natürlich, da es ja unendlich viele Münzen sind, dann würde A schließlich *alle* Münzen erhalten und B gar *nichts*. Daher ist diese Aufteilung weder gerecht, noch entspricht sie dem Wunsch des Vaters.

Dennoch ist der Vorschlag, den A seinem Bruder B gemacht hatte, ursprünglich weder gut noch schlecht. Es hängt von der *Art und Weise* ab, wie die Münzen ausgewählt werden … und das stellt unsere Intuition auf die Probe. Bitte denken Sie auch über folgende Frage nach: Wenn es sich statt um eine unendlich große um eine *normale* Erbschaft – ob in Münzen oder nicht – handelte, wie sie jeder bei seinem Tod hinterlassen könnte, *wäre* dann die Aufteilung nach As Vorschlag *immer in Ordnung*?

3. Fall: Nach einem anderen Vorschlag[10] wird folgendermaßen verteilt: Bei jedem Schritt darf A eine *beliebige* (jedoch *endliche*) Anzahl an Münzen entnehmen, und B sucht sich *lediglich eine davon aus*. Wäre dies eine gerechte Aufteilung? Ich lasse Sie erst einmal allein darüber nachdenken, bevor ich die Lösung verrate … Es ist gleichgültig, welche Anzahl an Münzen A sich herausgreift[11], sofern B zunächst die Münze Nummer 1 erhält. Wenn A in der zweiten Runde wieder seine Auswahl trifft, »schnappt sich« B die Münze Nummer 2. Daraufhin erhält A erneut eine Reihe aufeinanderfolgender Münzen und im Anschluss nimmt B die Münze Nummer 3 an sich usw. Da dieser Ablauf unendlich ist, wird B nach und nach in den Besitz *aller* Münzen von A

**10** Diesen Vorschlag unterbreitete mir Juan Sabia, ein weiterer guter Freund, Mathematiker, großartiger Autor von Erzählungen und Dozent am Institut für Mathematik an der Fakultät für Naturwissenschaften der UBA.

**11** Dies gilt, solange es sich um eine *endliche* Zahl handelt. Diese Einschränkung ist wichtig, denn sonst könnte A irgendwann in den Besitz aller Münzen gelangen.

gelangen, unabhängig von der Anzahl, die A sich aussucht, wenn er an der Reihe ist.
Dieser Fall zeigt wieder einmal, dass unendliche Mengen Eigenschaften aufweisen, die der Intuition widersprechen.
Aus diesen Beispielen ist die *Schlussfolgerung* zu ziehen, dass die Regeln, an die wir uns bei endlichen Mengen gewöhnt haben, *nicht notwendigerweise bei unendlichen Mengen anwendbar sind*, und daher muss man anders *denken* lernen und seine Intuition trainieren.

## Eine Militärparade und die Wahrscheinlichkeitsrechnung

Oftmals bin ich überrascht, wenn ich Dinge folgender Art lese oder höre:

a) Wissenschaftler der Universität Nagoya haben herausgefunden, dass Menschen, die sich die Füße an geraden Tagen des Monats waschen, länger leben.

b) Ein Experiment an einem Institut in Alaska bewies, dass man schneller einen Job bekommt, wenn man den Fernseher laufen lässt, während man schläft.

c) Forscher an einer niederländischen Universität haben gezeigt, dass der Konsum von zwei Gläsern *Rotwein* vor dem Frühstück, also vor der Aufnahme von Milchprodukten, den Cholesterinspiegel senkt und einer frühzeitigen Glatzenbildung vorbeugt (natürlich ganz abgesehen davon, dass man davon *betrunken* wird).

Gewiss ist es anregend, nach Beziehungen oder Mustern zu suchen, und dies ist zudem Teil der Alltagslogik jeglichen Wissenschaftlers. Aber vorzeitig Schlüsse zu ziehen, birgt auch Gefahren.
Ariel Arbiser, Professor an der Fakultät für Naturwissenschaften an der UBA, der mich in meiner Funktion als Sprachrohr der Wissenschaft immer großzügig unterstützte, erzählte mir die folgende Geschichte, und obwohl sie sehr einfach erscheinen mag, lehrt sie doch zugleich eine tiefe Wahrheit. Der Text erschien bereits in dem Buch *Unterhaltsame Aufgaben und Versuche* des russischen Autors Yakov Perelman und er stellt uns die Gefahren klar vor Augen, die Wahrscheinlichkeitstheorie auf allzu unachtsame Weise einzusetzen.

Ein Mathematiklehrer, der erst wenige Jahre Erfahrung besitzt, erklärt seinen Schülern die elementaren Grundlagen der Wahrscheinlichkeitsrechnung. Vom Klassenzimmer aus kann man die Fußgänger beobachten, die draußen vorübergehen. Es handelt sich um eine wichtige und stark frequentierte Straße und natürlich kommen Tag für Tag männliche und weibliche Fußgänger vorüber. Der Lehrer ärgert sich, weil die Schüler die ganze Zeit abgelenkt sind und aus dem Fenster schauen. Daher beschließt er, der Klasse eine Aufgabe zu stellen:
»Wie hoch ist die Wahrscheinlichkeit, dass der nächste Fußgänger, der vorbeikommt, ein Mann ist?« Und er fährt fort: »Damit meine ich Folgendes: Wenn wir dieses Experiment *viele* Male durchführen würden, wie oft würde dann erwartungsgemäß ein Mann bzw. eine Frau vorübergehen?«

Es versteht sich von selbst, dass es um eine allgemeine Aussage und einen Schätzwert geht. Genauer gesagt, nehmen wir an, dass Frauen und Männer in gleicher Weise vorbeikommen. Das heißt, die Wahrscheinlichkeit, dass ein Mann oder eine Frau auftaucht, *ist die gleiche*. Die Antwort ist damit offenkundig: In der *Hälfte* der Fälle kann man erwarten, auf einen Mann zu treffen. Die Wahrscheinlichkeit (bei der es sich immer um eine Zahl zwischen 0 und 1 handelt) ist also 1/2.
Die Schüler nicken zufrieden, da sie alles verstanden haben.
Der Lehrer fährt fort:
»Und wenn ich nun die Wahrscheinlichkeit ausrechnen möchte, dass die nächsten *beiden* Passanten *Männer* sind?«
Er lässt die Schüler einen Augenblick nachdenken und erklärt dann:
»Wie wir bereits wissen, können wir die Wahrscheinlichkeit, dass ein Ereignis eintritt, berechnen, indem wir die günstigen Fälle *durch* die möglichen Fälle dividieren.
Bei unserem Szenario haben wir folgende *möglichen* Fälle:

Mann-Mann (abgekürzt M-M)
Mann-Frau (M-F)
Frau-Mann (F-M)
Frau-Frau (F-F)

Der einzige *günstige* Fall ist allerdings: M-M.
Daher beträgt die Wahrscheinlichkeit, dass zwei Männer hintereinander vorbeikommen, 1/4 (ein günstiger Fall bei vier möglichen), also 25 Prozent bzw. ein Viertel. Daher ist die Wahrscheinlichkeit, dass dieser Fall nicht eintritt, es sich also nicht um zwei Männer handelt, 3/4 (75 Prozent).

Die Schüler brauchen einen Augenblick Zeit zum Nachdenken, warum Letzteres sich so verhält; sie schweigen, überlegen und schließlich ist es ihnen klar.
Nach kurzer Zeit fährt der Lehrer fort:
»Und wie hoch ist die Wahrscheinlichkeit, dass die nächsten *drei* Passanten Männer sind?«
Wenn man erneut die alle möglichen Fälle berücksichtigt, kommt man auf *acht* Möglichkeiten:

M-M-M
M-M-F
M-F-M
M-F-F
F-M-M
F-M-F
F-F-M
F-F-F

Wie Sie sehen, ist die *Reihenfolge relevant*, in der die Passanten auftauchen. Wenn wir uns also wieder unserer Frage zuwenden, stellen wir fest, dass es *acht* mögliche und *nur einen* günstigen Fall gibt (M-M-M) und die Wahrscheinlichkeit

1/8 bzw. 12,5 % der Fälle

beträgt, was $(1/2)^3$ entspricht.
Ein Schüler, der eine Schwäche für Wetten hat, fragt seinen Lehrer:
»Sie kommen ja immer mit dem Fahrrad zur Schule. Würden Sie um Ihr Fahrrad wetten, dass keiner der nächsten drei Passanten eine Frau ist?«

Der Lehrer, der im Gegensatz zu seinem Schüler nicht gerne wettet, antwortet:
»Nein, ich würde ungern mein Fahrrad verlieren. Allerdings weise ich darauf hin, dass die *Wahrscheinlichkeit*, dass sich unter den nächsten drei Fußgängern keine Frau befindet, 1/8 beträgt. Sicher ist es aber nicht.«
Der Schüler bleibt hartnäckig.
»Hmmm ... Wenn Sie die Wette annehmen, beträgt die Wahrscheinlichkeit, dass Sie verlieren nur 1/8, dass sie gewinnen aber 7/8. Das ist doch nicht schlecht, oder?«
»Ich möchte trotzdem nicht«, erklärt der Lehrer.
Der Schüler geht noch weiter.
»Na schön. Was ist, wenn ich die Wahrscheinlichkeit wissen will, dass die nächsten 20 Fußgänger alle Männer sind (also keine einzige Frau darunter ist)?«
Der Lehrer antwortet sofort:
»Wie wir vorher gesehen haben, beträgt sie 1/2 hoch 20, das heißt: $(1/2)^{20}$. Man multipliziert die Zahl 1/2 zwanzigmal mit sich selbst:

$$(1/2)^{20} = 1/1048576 = 0{,}00000095$$«

Folglich ist die Wahrscheinlichkeit, dass sich unter den nächsten 20 Fußgängern keine Frau befindet, sehr, sehr gering, und die zu gewinnen wiederum sehr hoch.
In diesem Fall sprechen wir von einer Gewinnchance von 99,9999 Prozent. Das Risiko des Lehrers zu verlieren, ist geringer als *eins* zu einer Million. Im Grunde müsste eigentlich jeder diese Wette akzeptieren, denn wenn es auch nicht *unmöglich* ist, dabei zu unterliegen, so ist es doch sehr, sehr *unwahrscheinlich*.

»Und in gleicher Weise«, fuhr der Schüler fort, »beträgt die Wahrscheinlichkeit, dass die nächsten 100 Fußgänger Männer sind, 1/2 hoch 100. Also:

$$(1/2)^{100} = 1/1.267.650.600.228.229.401.496.703.205.376$$

Eine ungeheuer niedrige Zahl. Sie gibt Ihnen eine virtuelle Sicherheit zu gewinnen: Die Zahl, die im Nenner erscheint (mehr als eine *Quintillion*), ist außerdem weit höher als die von der modernen Physik kalkulierte Anzahl der Partikel im gesamten Universum.
*Hier kann man doch gar nicht anders als wetten!*«
Der Lehrer, der seinem Schüler eine Lektion erteilen wollte, erklärt schließlich:
»Also gut, unter diesen Umständen gehe ich darauf ein, um dir zu zeigen, dass ich das, was ich sage, auch glaube. Ich wette um mein Fahrrad, dass sich unter den nächsten 100 Fußgängern mindestens eine Frau befindet. Man braucht nur zum Fenster zu gehen, hinauszublicken und zu zählen, bis die erste Frau erscheint.«
Da ertönt von der Straße her Musik, die wie ein Marsch klingt. Der Lehrer erbleicht. Er geht zum Fenster und erklärt:
»Ich habe verloren. Auf Wiedersehen, Fahrrad!«
Denn auf der Straße marschiert in diesem Augenblick eine Militärparade vorbei.

➜ **Fazit:** In der Praxis setzen wir die Wahrscheinlichkeitsrechnung ein, wenn wir zum Beispiel nicht auf sichere Informationen zurückgreifen können. Manchmal gestaltet sich die Berechnung allerdings nicht so einfach. Die Wahrscheinlichkeit kann subjektiv oder objektiv sein

und ist im wirklichen Leben manchmal schlecht einzuschätzen.
Abgesehen davon, dass der Schüler nie verraten hat, was der Lehrer gewinnen würde, wenn sich unter den folgenden 100 Fußgängern eine Frau befände, ist auch deutlich geworden, dass die Aussage, die Wahrscheinlichkeit, einen Mann oder eine Frau anzutreffen, sei gleich, mit Vorsicht zu genießen ist.
Daher sind die Schlussfolgerungen, die wir schnell bereit sind zu ziehen, oft umso riskanter.

## Genom und gemeinsame Vorfahren[12]

Die »Grenzen«, die vorgeblich jede Wissenschaft *definieren*, werden immer verschwommener und der Mensch verlangt danach, *sämtliche* Werkzeuge, die ihm zur Verfügung stehen, einzusetzen, so dass *Etiketten* immer weniger Sinn machen. Statt zu erklären: »Dies ist ein Problem für einen Physiker, einen Ingenieur, einen Architekten, einen Biologen oder einen Mathematiker«, sollte man formulieren: *Ich habe dieses oder jenes Problem. Wie können wir es lösen? Denken wir gemeinsam darüber nach.* In der Folge *tritt der Fortschritt von allein ein*. Oder zumindest schneller.

Der folgende Text zeigt, wie die kommunizierenden Röhren, die Biologen und Mathematiker geschaffen haben,

**12** Die Durchsicht und Korrektur dieses Textes verdanke ich dem angesehenen argentinischen Molekularbiologen Alberto Kornblihtt. Alles, was richtig ist, stammt von ihm, Fehler gehen auf meine Rechnung.

die die Grenzen unseres Wissens erweitern, (wieder einmal) die Existenz *gemeinsamer Vorfahren* aufzuzeigen erlauben.
Bei einem Gespräch in einem Café an der Fakultät für Naturwissenschaften (UBA), das im Jahr 2005 stattfand, erzählte mir Alicia Dickenstein (eine Mathematikerin und eine meiner engsten Freundinnen, ein Mensch, der mein Leben deutlich positiv beeinflusst hat) von einer sehr interessanten Arbeit, an der sowohl Biologen als auch Mathematiker beteiligt waren. Genauer gesagt, bot sie mir eine Zusammenfassung der Arbeit »The Mathematics of Phylogenomics« von Lior Pachter und Bernd Sturmfels vom Institut für Mathematik der UC Berkeley.[13] Als im Jahr 2003 das Humangenomprojekt (HGP nach den Anfangsbuchstaben im Englischen, *Human Genome Project*) abgeschlossen wurde, begann das Rennen darum, unsere Vorfahren kennenzulernen, zu identifizieren und zu erfahren, mit wem wir dieses »Privileg« teilen. Durch das Projekt, das mehr als dreizehn Jahre in Anspruch nahm, konnten zwischen ungefähr 20.000 und 25.000 Gene des menschlichen Genoms identifiziert und die Sequenzen von drei Milliarden chemischen Basenpaaren, aus denen sie bestehen, bestimmt werden. Es verhält sich damit so, als ob man ein Alphabet vor sich hätte, das nur aus vier Buchstaben aufgebaut ist: A, T, C und G (die Initialen von A = Adenin, T = Thymin, C =

**13** Eine vorläufige Version wurde am 8. September 2004 publiziert: s. http://arxiv.org/pdf/math.ST/0409132. Eine revidierte Fassung erschien am 27. September 2005 auf derselben Website und der endgültige Text wird in der bedeutenden *SIAM Review* der Society for Industrial and Applied Mathematics veröffentlicht.

Cytosin, G = Guanin). Die DNA eines Menschen ist so etwas wie sein Personalausweis. Hier findet sich die gesamte Information, die nötig ist, damit seine Zellen und Organe in der Lage sind zu arbeiten. Im Grunde ist durch ein Molekül der DNA festgeschrieben, was wir alles sein können, unsere besonderen Fähigkeiten und Talente sowie einige der Krankheiten, die wir möglicherweise bekommen. Es ist jedoch die Kombination dieser Information mit dem Beitrag, den die Umwelt leistet, die jeden von uns *einzigartig* macht.

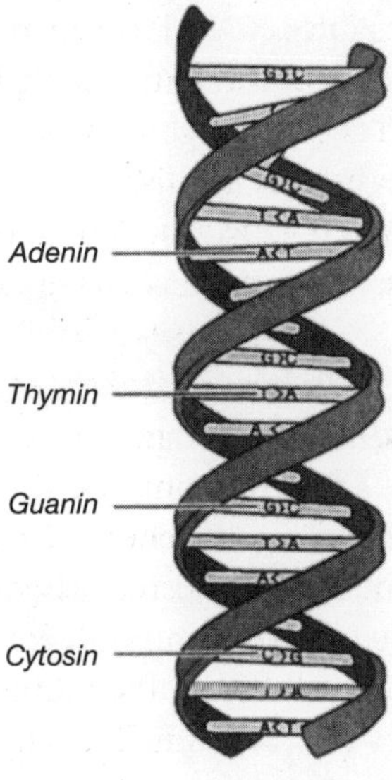


Diese Doppelhelix beschreibt eine Art Serpentinenlinie, auf denen zwei gegenüberliegende Sequenzen mit langen Ketten aus diesen vier Buchstaben festgeschrieben sind. Aber sie besitzt noch eine Besonderheit: Wenn bei einer dieser Sequenzen an einer bestimmten Stelle der

Buchstabe A steht, dann muss an der entsprechenden Position der anderen ein T auftauchen, bei einem C auf der anderen ein G zu finden sein. Das heißt, sie sind paarweise angeordnet. (Eine Eselsbrücke für diese Besonderheit bilden für die Liebhaber des Tangos die Initialen von **A**níbal **T**roilo und **C**arlos **G**ardel.)

Doch gehört all dies nicht eher in einen Artikel über Molekularbiologie als in ein Buch über Mathematik? In der erwähnten Abhandlung von Lior Pachter und Bernd Sturmfels sowie in dem Buch *Algebraic Statistics for Computational Biology* (Cambridge University Press, 2005) untersuchten die Autoren eine ganz besondere Situation. Sehen Sie sich bitte folgenden Abschnitt der DNA an:

TTTAATTGAAAGAAGTTAATTGAATGAAAATGAT-
CAACTAAG

Es handelt sich um 42 Buchstaben, die in der beschriebenen Reihenfolge angeordnet sind, oder so etwas wie ein *Wort* mit 42 Buchstaben. Diese »Sequenz« des Genoms wurde (nach dem sogenannten »Alignment« der verschiedenen Sequenzen, das mit erheblichem mathematischen und informatischen Aufwand verbunden war) an einer bestimmten Stelle der DNA folgender Wirbeltiere gefunden: Mensch, Schimpanse, Maus, Ratte, Hund, Huhn, Frosch und Fische …

Würde man einen Würfel werfen, der statt der sechs üblichen Seiten nur vier mit der Beschriftung A, C, G und T aufwiese, läge die Wahrscheinlichkeit, dass diese Sequenz von 42 Buchstaben in dieser Reihenfolge auftaucht, schätzungsweise bei 1 zu $10^{50}$. Damit wäre die Möglichkeit, dass dies zufällig eintrifft, mit annähernd $10^{-50} = 0{,}00000\ldots0001$ zu beziffern. Anders ausgedrückt, die Zahl würde mit einer 0 beginnen, nach dem Komma stünden *fünfzig* Nullen und erst dann eine Eins. Dieser Wert ist so gering, dass die Autoren des Artikels vermuten können, dass alle einen gemeinsamen Vorfahren oder Urahnen besaßen (wahrscheinlich vor ungefähr 500 Millionen Jahren), der diese Sequenz von 42 Basen ebenfalls aufwies, und diese intakt an alle Nachkommen der verschiedenen Zweige der Wirbeltiere weitervererbt wurde. Daher ist die Wahrscheinlichkeit, dass der Mensch denselben Ursprung wie ein Huhn, ein Hund oder eine Maus hat (vom Schimpansen gar nicht zu reden), sehr hoch, wenn es auch keine letzte Sicherheit gibt.

## Die Matrizen von Kirkman[14]

Die Probleme der Kombinatorik stellen eine ständige Herausforderung dar, und das nicht erst heute, sondern bereits seit langer Zeit. Im 18. Jahrhundert tauchte das sogenannte »Kirkman'sche Schulmädchenproblem« auf. Thomas Penyngton Kirkman stellte es im Jahre 1847 vor, und so naiv die folgende Fragestellung auch sein mag, sie zog vielfältige Implikationen in der Matrixtheorie nach sich.

Eine Matrix ist eine *Tabelle*, bestehend aus *Spalten und Zeilen*, in die man bestimmte Elemente einordnet. Zum Beispiel besteht der Zuschauerraum eines Kinos aus einer

**14** Dieses Problem stammt aus dem Buch *The Puzzle Instinct* von Marcelo Danesi.

gewissen Anzahl von Spalten und Zeilen mit den Sitzen für das Publikum. Die Tafel mit der Anzeige der Abfahrtszeiten am Bahnhof ist ebenfalls eine Matrix. Die verschiedenen Gleise bilden die Spalten, die Abfahrtszeiten die Zeilen. Das Fernsehprogramm in den Zeitungen bietet ein weiteres Beispiel. Die Spalten zeigen die Zeiten an, die Zeilen die verschiedenen Kanäle. Es könnte natürlich auch umgekehrt sein, je nach Anzahl der Sender.

Nachdem nun klar sein dürfte, was unter einer Matrix zu verstehen ist, wenden wir uns dem Problem Kirkmans zu:

Es liegen 7 Matrizen mit je 5 Zeilen und 3 Spalten vor. Greifen wir eine heraus und verteilen wir darauf die ersten 15 natürlichen Zahlen (von 1 bis 15). Natürlich *gibt es dafür viele Möglichkeiten* (wie viele?).[15] Verfahren Sie so mit *jeder einzelnen* Matrix, wobei eine Einschränkung zu beachten ist.

Wenn beispielsweise in der dritten Zeile der ersten Matrix die Zahlen 1, 4 und 7 auftauchen, darf die 1 weder in Kombination mit der 4 noch der 7 in der dritten Zeile einer anderen Matrix auftauchen. Das Gleiche gilt für die 4, die zwar in der dritten Zeile jeder anderen Matrix stehen kann, aber nicht zusammen mit der 1 oder der 7.

**15** Die Anzahl der denkbaren Verteilungsmöglichkeiten der 15 natürlichen Zahlen auf eine Matrix erhält man, indem man die Zahlen von 15 bis 1 in absteigender Form multipliziert:

$$15 \cdot 14 \cdot 13 \cdot 12 \cdot 11 \ldots\ldots \cdot 4 \cdot 3 \cdot 2 \cdot 1$$

Dies ist unter dem Begriff *Fakultät von 15* bekannt (wie wir in *Mathematik durch die Hintertür Band 1* gesehen haben) und die übliche Schreibweise dafür lautet 15!

Die Aufgabenstellung lautet demnach folgendermaßen: Die ersten 15 natürlichen Zahlen sollen auf 7 Matrizen verteilt werden, mit einer Einschränkung: Wenn eine Verbindung von drei Zahlen in einer bestimmten Zeile auftaucht, darf kein Paar aus diesen Zahlen *in derselben Zeile* einer anderen Matrix stehen.
Seit 1922 sind verschiedene Lösungen für das *Rätsel* von Kirkman vorgeschlagen worden (eine davon finden Sie weiter unten). Das Reizvolle ist, dass diese Art von Problemen für Mathematiker verschiedener Epochen stets von großem Interesse war. Einige von ihnen sahen in diesen *Rätseln* eine entspannende Art, *theoretische Begriffe* darzustellen.
Der englische Mathematiker Charles Lutwidge Dodgson erhob und transformierte diese Form sogar in die Kunst der Literatur. Er schrieb unter dem Pseudonym Lewis Caroll das berühmte Werk *Alice im Wunderland*.

*Lösung:*

| | | |
|---|---|---|
| 15 | 5 | 10 |
| 1 | 6 | 11 |
| 2 | 7 | 12 |
| 3 | 8 | 13 |
| 4 | 9 | 14 |

| | | |
|---|---|---|
| 15 | 1 | 4 |
| 2 | 3 | 6 |
| 7 | 8 | 11 |
| 9 | 10 | 13 |
| 12 | 14 | 5 |

| | | |
|---|---|---|
| 1 | 2 | 5 |
| 3 | 4 | 7 |
| 8 | 9 | 12 |
| 10 | 11 | 14 |
| 13 | 15 | 6 |

| | | |
|---|---|---|
| 4 | 5 | 8 |
| 6 | 7 | 10 |
| 11 | 12 | 15 |
| 13 | 14 | 2 |
| 1 | 3 | 9 |

| | | |
|---|---|---|
| 4 | 6 | 12 |
| 5 | 7 | 13 |
| 8 | 10 | 1 |
| 9 | 11 | 2 |
| 14 | 15 | 3 |

| | | |
|---|---|---|
| 10 | 12 | 3 |
| 11 | 13 | 4 |
| 14 | 1 | 7 |
| 15 | 2 | 8 |
| 5 | 6 | 9 |

| | | |
|---|---|---|
| 2 | 4 | 10 |
| 3 | 5 | 11 |
| 6 | 8 | 14 |
| 7 | 9 | 15 |
| 12 | 13 | 1 |

# Mathematische Probleme

Die Mathematik entstand, um praktische Probleme lösen zu lernen. Gruppen von nomadisierenden Jägern konnten ohne Mathematik leben, aber als die Landwirtschaft aufkam, wurde sie wichtig, um die Jahreszeiten durch das Zählen der Tage vorhersagen zu können. Eine Gesellschaft entwickelt sich und bringt ein Münzsystem hervor, für das sie die Arithmetik benötigt. Die Geometrie ist notwendig, um das Land zu vermessen und Gebäude vernünftig erbauen zu können.

KEITH BALL

Wenn du das Unmögliche ausgeschlossen hast, dann ist das, was übrig bleibt, die Wahrheit, so unwahrscheinlich sie auch sein mag.

SIR ARTHUR CONAN DOYLE

## Ist mehr Wasser im Wein oder mehr Wein im Wasser?

Dieses Problem ist eine gute Denkübung (natürlich anhand eines speziellen Falls). Es geht darum, die Intuition zu *schulen* und somit in bestimmten Lebenslagen, wenn eine Entscheidung ansteht, besser wählen zu können.

Ich ging durch die Fakultät für Naturwissenschaften der UBA und traf Teresita Krick, eine Mathematikerin, Professorin und vor allem eine sehr gute Freundin von mir.

»Adrián, ich habe ein interessantes Problem für dich. Hast du ein bisschen Zeit? Vielleicht kannst du es für deine Fernsehsendung gebrauchen«, sagte sie, als wir auf der Treppe kurz stehen blieben.

»Gerne«, antwortete ich. »Jede Geschichte, die zum Denken anregt, ist willkommen.«

»Also, die Sache ist folgende: Man hat zwei gleiche Gläser. Eines enthält Wein (nennen wir es $W_1$), das andere Wasser ($W_2$). In beiden befindet sich die gleiche Menge an Flüssigkeit. Nun schöpft man einen Löffel aus dem Weinglas $W_1$, ohne etwas zu verschütten, in das Wasserglas $W_2$ und rührt um. Man mischt also das Wasser mit dem Wein. Natürlich enthält $W_2$ jetzt ein wenig mehr Flüssigkeit als $W_1$. Genauer gesagt beinhaltet $W_2$ genau die Menge, die in $W_2$ fehlt.«

»So weit, so gut«, fuhr Teresita fort. »Sobald man den Inhalt von $W_2$ gut verrührt hat, schöpft man einen Löffel des Wassers daraus ab. Natürlich ist die Flüssigkeit nun kein reines Wasser mehr, sondern eine Mischung. Aber egal. Diesen Löffel gießt man nun in $W_1$.«

Teresita sah mich an. Ich ahnte noch nicht, worauf sie hinauswollte, und hörte aufmerksam zu.

»Angenommen, wir rühren die Flüssigkeit wieder in $W_1$: Was ist deiner Meinung nach der Fall? *Befindet sich mehr Wasser im Wein oder mehr Wein im Wasser?*«

Ende der Problemstellung. Jetzt heißt es nachdenken.

Die Aufgabe beinhaltet keine Tricks oder sonstigen Fallstricke. Wir nehmen an, dass sich das Wasser und der Wein *nicht vermischen*, in dem Sinne, dass sie *ihre Eigenschaften nicht verändern*. Ich weiß, dass das nicht stimmt, aber gehen wir im Rahmen unseres Problems einmal davon aus.

## *Lösungen:*

Die Menge des Wassers im Wein *ist die gleiche* wie die Menge des Weins im Wasser.
Wie lässt sich zeigen, dass diese Lösung richtig ist? Es gibt verschiedene Arten, das Problem anzugehen. Ich werde drei davon vorstellen.

### *Erste Lösung:*

Ursprünglich befand sich in jedem Glas die gleiche Menge Flüssigkeit. Am Ende, nachdem man in beiden Gläsern umgerührt hat, ist wieder gleich viel vorhanden.
Das heißt: Es ist klar, dass $W_2$ nun ein wenig Wein enthält. Aber es ist auch klar, dass $W_1$ ein wenig Wasser aufweist. Dieser Anteil an Wasser, der in $W_2$ fehlt, *befindet sich in* $W_1$. Und der Anteil an Wein, der $W_1$ entnommen wurdc, *ist in* $W_2$ *enthalten*.
Wären beide Mengen nicht gleich, würde das bedeuten, dass in einem der beiden Gläser mehr Flüssigkeit vorhanden wäre. Und das kann nicht sein. Da die Mengen am Ende gleich sind, impliziert dies, dass der Anteil an Wasser, der in $W_2$ fehlt, genauso groß ist wie der aus $W_1$ entnommene Weinanteil.
Und genau das wollten wir zeigen.

*Zweite Lösung:*

Bei diesem Vorschlag möchte ich zunächst die verschiedenen Dinge benennen. Die Gläser tragen ja bereits die Namen $W_1$ und $W_2$.

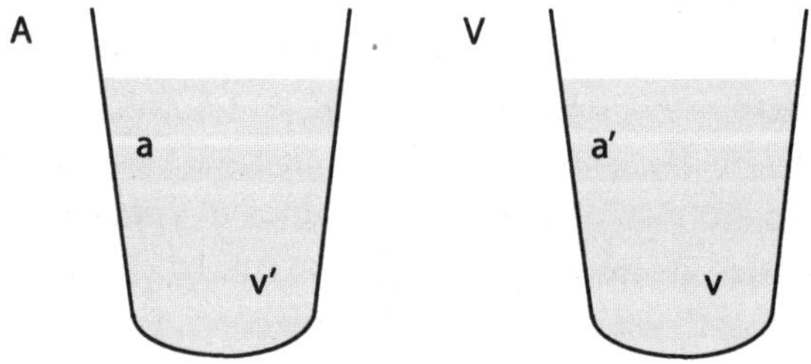


Sagen wir:

a = Menge Wasser, die am Ende in $W_2$ verbleibt
a' = Menge Wasser, die am Ende in $W_1$ enthalten ist
v = Menge Wein, die sich nach dem Versuch in $W_1$ befindet
v' = Menge Wein, die sich nach dem Versuch in $W_2$ befindet

Man erhält alsdann folgende *Gleichungen*:

(1) $a + v' = v + a'$

Dies muss so sein, da die Flüssigkeitsmengen nach dem Versuch jeweils die gleichen sind.
Auf der anderen Seite haben wir:

(2) $a + a' = v + v'$

Diese Gleichung rührt daher, dass die *ursprüngliche* Flüssigkeitsmenge in den Gläsern gleich groß war.
Darüber hinaus weiß man – und *darin besteht der entscheidende Schritt zur Lösung* –, dass

(3) $a + v' = a + a'$,

denn die ursprünglich vorhandene Flüssigkeitsmenge im Glas $W_2$ ($a + a'$) muss genauso groß sein wie nach dem Experiment, was ($a + v'$) entspricht.
Mithilfe dieser Informationen sind wir in der Lage, das Problem zu lösen.
Bei Gleichung (3) lässt sich *kürzen* und somit ist

$$V' = a'$$

quod erat demonstrandum.

*Dritte Lösung:*

Wir werden das Problem nun mithilfe eines *Modells* lösen. Dafür nehmen wir an, dass sich in jedem Glas statt einer Flüssigkeit verschiedenfarbige *Kügelchen* befinden.
Wir gehen davon aus, dass im Glas $W_1$ 1.000 grüne und im Glas $W_2$ 1.000 blaue Kügelchen anzutreffen sind. Mit einem Löffel entnehmen wir $W_1$ 30 (grüne) Kügelchen und geben sie in das $W_2$ (mit den blauen). Nun verbleiben also in $W_1$ 970 (ausschließlich grüne) Kugeln und in $W_2$ 1.030 (1.000 blaue und 30 grüne, die ich eben mit dem Löffel hineingeschüttet habe). Wir vermischen die Kügelchen im Glas $W_2$. Sie sind zum größten Teil blau, aber es befinden sich auch 30 grüne darunter.

Um den Vorgang, den wir mit Wasser und Wein durchgeführt haben, *nachzubilden*, nehmen wir wieder den Löffel. Wir geben ihn in das Wasserglas $W_2$, in dem sich 1.030 Kügelchen befinden. Um unseren Gedankengang weiterzuspinnen, nehmen wir an, dass wir 27 blaue und 3 von den grünen, die aus dem anderen Glas stammen, entnehmen (diese Zahlen sind völlig willkürlich).
Diese 30 Kugeln geben wir wieder in Glas $W_1$. Beachten Sie, dass sich im Glas $W_2$ 973 blaue und 27 grüne befinden. Nachdem wir nun 30 Kügelchen aus $W_2$ in $W_1$ befördert haben, enthalten beide die *gleiche Menge an Kügelchen*: 1.000.
Im Glas $W_1$ befinden sich 970 grüne Kugeln, die die ganze Zeit an Ort und Stelle geblieben sind, plus 27 blaue, die ich beim zweiten Transport mit dem Löffel hineingegeben habe, plus drei, die wieder zurückkamen. Damit sind es 973 grüne und 27 blaue.

### *Schlussfolgerungen:*

a) In beiden Gläsern befindet sich die gleiche Menge an Kügelchen.
b) Im Glas $W_1$ sind 973 grüne und 27 blaue anzutreffen.
c) Im Glas $W_2$ sind es 973 blaue und 27 grüne.

Wie man sieht, zählt man die gleiche Anzahl an grünen unter den blauen wie blauen unter den grünen Kugeln. Anders gesagt, es ist genauso viel Wasser im Wein wie Wein im Wasser.

→ **Fazit:** Um dieses Problem zu lösen, muss man offensichtlich weder Gleichungen lösen noch mit Kügelchen modellieren können. Die einen kommen zur richtigen Lösung, indem sie wie bei dem ersten Vorschlag argumentieren, die anderen schließen sich dem zweiten an. Oder dem dritten. Ja, ich bin mir sicher, dass viele die Aufgabe noch auf ganz andere Arten *lösen*.
Es gibt also *nicht nur eine einzige richtige Methode, Probleme anzugehen*. Wirklich interessant ist doch nur, dass wir denken können. Der Weg, den man wählt, ist nicht so wichtig, nur das Ergebnis. Alle Wege führen zum Ziel.

## Eine Geschichte von vier Verdächtigen

Das folgende Problem weist eine Besonderheit auf: Äußerlich erscheint es wie ein ganz gewöhnliches *Rätsel*. Mir widerstrebt es, »Denkaufgaben für Genies« einzubringen, denn wenn man darauf kommt, was zu tun ist, ist das zwar super, aber wenn nicht, führt dies zu Frustration, die die Freude am Denken nicht eben fördert. Das folgende Problem hingegen *hat seine einwandfreie Logik*. Es mag sein, dass es nicht einfach ist, aber wenn man sich die Zeit nimmt, um es zu durchdenken, kommt man auch wirklich darauf. Vielleicht haben Sie nicht die Zeit oder Lust, sich daranzumachen, aber ich habe keinen Zweifel, dass es eine Herausforderung darstellt, die jede Person meistern kann.
Voilà: Es wurde ein Geldraub gemeldet und die Polizei nahm vier Verdächtige fest. Diese vier wurden befragt und man weiß, dass *nur ein Einziger* die Wahrheit sagte. Die Aufgabe besteht nun darin, die Aussage jedes Ein-

zelnen zu *lesen* und zu begründen, wer derjenige war, der die Wahrheit sprach, also den Einzigen, der nicht gelogen hat, zu ermitteln.

> Der Verdächtige Nummer 1 sagte aus, er habe das Geld nicht geraubt.
> Der Verdächtige Nummer 2 erklärte, Nummer 1 lüge.
> Der Verdächtige Nummer 3 gab an, dass Nummer 2 lüge.
> Der Verdächtige Nummer 4 äußerte, dass Nummer 2 das Geld geraubt habe.

Mein Vorschlag wäre, nun eine Pause einzulegen und sich einen Augenblick mit Papier und Bleistift, aber auch Muße zum Nachdenken hinzusetzen. Ich werde im folgenden Absatz beginnen, die verschiedenen Möglichkeiten vorzustellen, aber bitte hören Sie auf mich und *lesen Sie ihn noch nicht. Versuchen Sie es zuerst allein.* So haben Sie viel mehr davon.

Ich werde nun die Äußerungen jedes einzelnen Verdächtigen untersuchen und dabei annehmen, *er sagte die Wahrheit*, und sehen, zu welchen Schlussfolgerungen oder Widersprüchen dies mich führt. Der Einfachheit halber nenne ich die Verdächtigen von nun an schlicht #1, #2, #3 und #4.

1. Wenn #1 derjenige wäre, der die Wahrheit sprach, *bedeutet* dies, das #1 das Geld NICHT geraubt hat (da er ja wahrheitsgemäß aussagen würde). In diesem Fall gäbe es kein Problem zu akzeptieren, dass #2 NICHT ehrlich ist. Er will uns in die Irre führen, wenn er er-

klärt, dass #1 lügt. Dies ist unproblematisch, nicht jedoch die Behauptung von #3. Denn falls er – die Nummer #3 – schwindelt (und dies muss der Fall sein, denn wir nehmen ja gerade an, dass #1 der EINZIGE ist, dessen Worte wahr sind), dann wäre seine Aussage, dass #2 lüge, FALSCH ... dies bedeutet, #2 würde die Wahrheit sagen ... In diesem Falle wäre es korrekt, dass #1 lügt. Aber damit wäre seine Aussage falsch, dass er das Geld NICHT gestohlen habe. Und dies würde heißen, dass ER den Raub verübt hätte. Und DIES WIDERSPRICHT der Tatsache, dass wir ja annehmen, dass #1 der Einzige ist, der die Wahrheit spricht. Dieser Fall ist also NICHT möglich.

2. Wenn #2 der EINZIGE wäre, der wahrheitsgemäß aussagt, dann würde #1 lügen; dies impliziert, dass ER das Geld genommen hat. Soweit fahren wir damit gut. Man würde demnach schließen, dass #1 der Dieb ist. Auf der anderen Seite bekommen wir auch keine Schwierigkeiten mit Widersprüchen bei #3, denn da wir WISSEN, dass #2 die Wahrheit spricht, ist folglich das, was #3 sagt, falsch. Und wenn die Aussage von #4 auch eine Lüge wäre, würde dies bedeuten, dass #2 das Geld NICHT gestohlen hätte. Und dies passt ebenfalls zusammen. Also beinhaltet die ANNAHME, DASS ALLEIN #2 DIE WAHRHEIT SPRICHT, keine Widersprüche mit den anderen Aussagen.

3. Wenn #3 der EINZIGE wäre, der aufrichtig ist, würde dies bedeuten, dass #2 lügt. Aber wenn #2 schwindelt, dann hieße dies, dass #1 die Wahrheit sagt. Doch dann stimmt es, dass er das Geld nicht geraubt hat. In die-

sem Fall wäre das, was #1 erklärt, EBENFALLS wahr. Dies steht im WIDERSPRUCH dazu, dass #3 der EINZIGE sein soll, der ehrlich ist. Dieser Fall ist also unmöglich.

4. Wenn #4 der EINZIGE wäre, der aufrichtig ist, würde dies implizieren, dass #2 der Dieb des Geldes war. Aber da #3 ZWANGSLÄUFIG lügt, würde dies bedeuten, dass seine Aussage falsch ist, und demnach würde #2 die Wahrheit sagen. Und #2 erklärte, dass #1 lügt. Doch wenn die Aussage von #1 falsch wäre, dann wäre #1 derjenige, der das Geld entwendet hätte … Und dies widerspricht der Angabe, dass #2 der Dieb war.

➜ **1. Fazit:** Die einzige Möglichkeit, dass nur EINER die Wahrheit sagt, ohne dass sich Widersprüche ergeben, besteht darin, dass #2 als EINZIGER eine wahre Aussage macht.

➜ **2. Fazit:** Diese Art von Problemen bietet uns – abgesehen von ihrem möglichen Unterhaltungswert – ein Training, wie man Entscheidungen trifft, die etwas kompliziert erscheinen mögen. Oftmals müssen wir in unserem Leben verschiedene Szenarien unter die Lupe nehmen, und wenn wir uns darüber klar werden, dass es viele Variablen gibt, werden wir von Passivität übermannt und geben ihr lieber nach. Abgesehen von ihrer spielerischen Qualität schulen solche Aufgaben auch das Denken. Und sie helfen uns, Entscheidungen zu treffen.

## Das Problem der Behälter mit je 3 und 5 Litern

Das nächste Problem, das wir lösen wollen, ist folgendes: Vor uns stehen zwei leere Behälter von je 3 und 5 Litern Fassungsvermögen sowie ein Weinfass. (Weitere Angaben sind uns nicht bekannt, das heißt, wir können auf keine andere Möglichkeit zurückgreifen, das Volumen zu messen.) Wie gehen wir vor, um genau 4 Liter Wein zu erhalten?

*Lösung:*

Eine Möglichkeit, die Aufgabe zu lösen, besteht darin, zunächst den 3-Liter-Behälter mit Wein zu füllen. Anschließend gießen wir seinen gesamten Inhalt in das 5-Liter-Gefäß, so dass sich darin *3 Liter* befinden und in dem anderen gar nichts. Jetzt füllen wir den 3-Liter-Behälter erneut, so dass wir in beiden Behältern 3 Liter Wein haben. Dann gießen wir aus dem 3-Liter-Behälter so viel Wein in das 5-Liter-Gefäß, bis es voll ist.

Das größere Gefäß ist also bis zum Rand mit Wein gefüllt, während sich in dem 3-Liter-Eimer noch genau 1 Liter befindet. Dies ist der entscheidende Schritt zur Lösung. Nun schütten wir den gesamten Inhalt des 5-Liter-Gefäßes aus und geben dafür den *einen Liter* Wein aus dem 3-Liter-Behälter hinein. Wir haben also *1 Liter* im 5-Liter-Gefäß, der 3-Liter-Eimer ist leer. Als Nächstes füllen wir erneut den 3-Liter-Behälter und geben diese 3 Liter zu dem 1 Liter in das andere Gefäß. Fertig. In dem 5-Liter-Eimer sind jetzt genau 4 Liter, wie wir es wollten.

## Ein Problem des lateralen Denkens (die Koryphäe)

Wie ich bereits im ersten Band erklärt habe, gibt es Probleme, bei denen »laterales Denken« gefragt ist, oder anders gesagt, Probleme, die man mithilfe neuer Wege, unterschiedlicher Blickwinkel oder auf eine besondere Weise lösen muss. Hier stelle ich Ihnen eines der wichtigsten Probleme vor (es muss nicht notwendigerweise das beste sein, obwohl ich glaube, dass es zumindest eines der besten ist), das sehr viele Kontroversen hervorrief und immer noch hervorruft. Beachten Sie, dass es dabei keinerlei Fallstricke oder Hintertürchen gibt, alles ist offen gelegt.

Antonio, Vater des achtjährigen Roberto, fährt mit dem Auto von seinem Haus in der Stadt Buenos Aires in Richtung Mar del Plata. Roberto begleitet ihn. Auf dem Weg ereignet sich ein furchtbarer Unfall. Ein entgegenkommender Lastwagen gerät auf die andere Spur und stößt frontal auf Antonios Auto.

Antonio ist sofort tot, Roberto überlebt. Ein Rettungswagen der Stadt Dolores ist in wenigen Minuten zur Stelle, und das Kind wird ins Krankenhaus gebracht. Von den Dienst habenden Ärzten wird er sofort nach Kräften behandelt. Nachdem sie jedoch seine Lage besprochen und die Vitalfunktionen stabilisiert haben, kommen sie zu dem Schluss, dass Robertos Situation problematisch ist. Sie müssen weiteren Rat einholen. Da eine Verlegung des Kindes riskant ist, beschließen sie, ihn in Dolores zu lassen. Nach entsprechenden Untersuchungen setzen sie sich mit dem Kinderkrankenhaus der Hauptstadt in Verbindung und beraten sich schließlich mit einer Koryphäe auf dem

Gebiet. Alle sind sich darin einig sind, dass es das Beste ist, Roberto nicht zu verlegen. Die Kapazität beschließt, direkt von Buenos Aires nach Dolores zu fahren.
Die hiesigen Ärzte erläutern den Fall und warten gespannt auf die Meinung des berühmten Arztes. Schließlich ergreift einer das Wort:
»Können Sie den Jungen behandeln?«, fragt er fast unhörbar.
Er erhält folgende Antwort:
»Natürlich werde ich ihn behandeln, wo er doch *mein Sohn* ist!«

Soweit die Geschichte. Doch wie können wir sie erklären? Ich stehe jetzt zwar nicht vor Ihnen, versichere Ihnen aber noch einmal, dass es keine Fallstricke oder Hintertürchen gibt.
Bevor Sie die Lösung nachlesen, möchte ich noch zwei Dinge hinzufügen:

a) Antonio ist nicht der Stiefvater.
b) Antonio ist kein Pfarrer.

Nun überlasse ich Sie Ihrer Fantasie. Ich schlage Ihnen jedoch vor, die Beschreibung des Problems noch einmal zu lesen, und glauben Sie mir, es ist furchtbar einfach.

*Lösung:*

Das Bemerkenswerte an diesem Problem ist, wie einfach die Antwort ist. Noch schlimmer: Wenn Sie sie lesen – falls Sie nicht auf die Lösung gekommen sind –, werden

Sie den Kopf an die Wand schlagen und sich fragen: Warum bin ich bloß nicht selbst darauf gekommen?
Die Lösung, oder besser gesagt, eine mögliche Lösung besteht darin, dass es sich bei der Koryphäe um die *Mutter* handelt.
Dies ist der Schlüssel jeder Diskussion des Problems.
Wie Sie sehen (lesen Sie noch einmal nach, wenn Sie möchten), erwähne ich an keiner Stelle das *Geschlecht* der Koryphäe. Aber wir haben es so sehr verinnerlicht, dass Koryphäen Männer sind, dass wir sie uns gar nicht als Frau vorstellen können. Würde man uns *explizit* vor die Entscheidung stellen, ob eine Frau eine solche Kapazität sein kann oder nicht, wäre die Situation natürlich eine ganz andere. Ich glaube, keiner von uns würde die Möglichkeit anzweifeln, dass eine Frau ebenso wie ein Mann eine solche Position erlangen kann. In diesem Fall aber versagen wir. Die richtige Antwort bleibt nicht selten aus. Tatsächlich sind sogar viele Frauen nicht in der Lage, das Rätsel zu lösen, und wenn sie die Antwort erfahren, fühlen sie sich desselben Macho-Verhaltens überführt, das sie selbst beklagen und verurteilen.

## Zehn Beutel mit zehn Münzen

Man nehme 10 (mit 1–10) nummerierte Beutel, von denen jeder 10 Münzen enthält. Sie sehen alle vollkommen gleich aus und haben alle, bis auf eine Ausnahme, dasselbe Gewicht: 10 Gramm. Es ist lediglich bekannt, dass sich in *einem* Beutel Münzen befinden, die alle ein Gramm schwerer sind als die anderen. Das heißt also, die Geldstücke in diesem einen Säckchen wiegen 11 Gramm statt 10. Uns

steht außerdem eine Waage zur Verfügung, mit der das Gewicht genau festgestellt werden kann (zumindest so genau, wie es für unser Problem nötig ist), aber man darf sie nur einmal benutzen.
Die Aufgabe besteht also darin, nur einmal zu wiegen und damit zu bestimmen, in welchem Beutel die schwereren Münzen sind. Es geht darum, *kreativ zu denken*, darin besteht der besondere Reiz dieser Übung.

*Lösung:*

Wählen Sie aus den durchnummerierten Beuteln nach folgendem Schema die Münzen, die gewogen werden sollen:

1 Münze aus Beutel Nummer 1.
2 Münzen aus Beutel Nummer 2.
3 Münzen aus Beutel Nummer 3.
4 Münzen aus Beutel Nummer 4.
5 Münzen aus Beutel Nummer 5.
6 Münzen aus Beutel Nummer 6.
7 Münzen aus Beutel Nummer 7.
8 Münzen aus Beutel Nummer 8.
9 Münzen aus Beutel Nummer 9.
10 Münzen aus Beutel Nummer 10.

Wir haben damit 55 Münzen für die Waage ausgewählt. Wenn die Münzen alle gleich viel, das heißt allesamt 10 Gramm wögen, müssten die 55 Exemplare im Prinzip 550 Gramm schwer sein. Ich glaube, dass Sie anhand meiner Überlegungen den Faden schon allein weiterspinnen können (wenn Ihnen bisher noch nicht eingefallen ist, wie die Aufgabe zu lösen ist). Falls nicht, geht es gleich weiter. Aber denken Sie daran, dass die Tatsache, wie die Münzen ausgewählt werden, eine *zusätzliche* Hilfe ist, zu entscheiden, welcher Beutel die 11 Gramm schweren Stücke enthält.

Ich komme nun zur Lösung. Wenn wir die 55 Münzen auf die Waage legen, *wissen wir*, dass das Ergebnis *größer* als 550 Gramm sein wird. Doch um wie viel größer könnte es sein? Falls zum Beispiel statt 550 Gramm 551 herauskommen – was würde dies bedeuten?
Wenn das Gewicht ein Gramm höher ist, heißt dies, dass eine einzige Münze 11 Gramm wiegt, und aufgrund unseres Auswahlverfahrens (1 Münze aus Beutel 1, 2 aus Beutel 2 usw.), lässt sich daraus erschließen, dass es sich bei dem Säckchen, in dem sich die Münzen mit dem abweichenden Gewicht befinden, um die Nummer 1 handeln muss. Aus diesem haben wir nämlich genau *eine einzige Münze* entnommen.
Wenn das Ergebnis wiederum statt 550 Gramm 552 betrüge, dann hieße dies, dass zwei Münzen mit einem Gewicht von je 11 Gramm vorhanden sein müssen. Eigentlich ganz einfach, oder?
Genauso geht es weiter: Wenn 553 herauskommt, sind die Münzen mit dem höheren Gewicht in Beutel 3 usw.
Somit haben wir also das Problem gelöst: Wir brauchen nur einmal zu wiegen und können bestimmen, in welchem Säckchen sich die Münzen zu 11 Gramm befinden.

## Noch ein Hut-Problem[16]

Bei diesem Problem geht es um fünf Hüte, von denen drei weiß und zwei schwarz sind. Drei Personen (sagen wir Herr A, B und C) wurden in einen Raum geführt und bekamen an der Tür je einen der fünf Hüte. Die drei Herren saßen so, dass Herr A auf die Hüte von B und von C blicken konnte (natürlich auf den eigenen nicht), aber B konnte nur den Hut von C erkennen (also weder den eigenen noch den von A). C wiederum sah keinen einzigen Hut.

Als man sie fragte – in der Reihenfolge: zuerst A, dann B und schließlich C –, welchen Hut jeder aufhätte, antworteten sie folgendermaßen: Herr A sagte, er könne nicht bestimmen, welche Hutfarbe er habe. Daraufhin kam Herr B an die Reihe, der ebenfalls erklärte, es sei ihm nicht möglich festzustellen, welche Farbe sein Hut aufweise. Als Letzter sprach Herr C: »Dann weiß ich, welche Hutfarbe ich habe.«

Was sagte er? Und wie konnte er dies erklären?

**16** In *Mathematik durch die Hintertür Band 1* stellte ich auf S. 191 und S. 193 verschiedene Probleme mit Hüten vor. Mehrere Freunde ließen mir noch weitere zukommen. Das hier ausgewählte stammt von Gustavo Stolovitzky. Gustavo studierte Physik an der UBA, promovierte in Physik in Yale und arbeitet derzeit in den USA, genauer gesagt bei IBM in der Abteilung für Funktionelle Genomik und Systembiologie. Er war zweifellos einer der Schüler, von denen ich während meiner Laufbahn als Lehrer am meisten gelernt habe; abgesehen davon, dass er eine wirklich angenehme Persönlichkeit ist.

*Lösung:*

Herr C sagte aus, dass er einen *weißen* Hut aufhabe. Woher wusste er dies? C stellte folgende Überlegung an. Wenn er und B schwarze Hüte besäßen, hätte A daraus geschlossen, dass seiner weiß sei, da er ja die Hüte der anderen beiden sehen konnte. Aber A sagte nichts. Oder besser gesagt, er erklärte, dass *er nicht wisse, was für einen Hut er habe*. Dies bedeutet, dass er sah, dass entweder B oder C einen weißen Hut trug.
Als B an die Reihe kam, konnte er nur den Hut von C erkennen, aber er hatte dieselbe Information wie C: B wusste, dass entweder er oder C einen weißen Hut hatte. Wenn er gesehen hätte, dass C einen *schwarzen* Hut besaß, hätte B aussagen können, dass sein eigener weiß war. Aber weil er nichts sagte oder vielmehr angab, dass er es nicht ermitteln könne, kam nun die Reihe an C.
Da B keine Entscheidung treffen konnte, bedeutete dies, dass C keinen schwarzen Hut aufhatte. Somit war der Weg für C geebnet und er konnte, ohne einen Hut zu erkennen, bestimmen, dass seiner weiß war. Und damit traf er das Richtige.

## Russisches Roulette

Angenommen, jemand ist (unfreiwillig natürlich) in ein Spiel mit dem Namen »Russisches Roulette« verwickelt. Falls Sie dieses nicht kennen: Es geht darum, sich einen geladenen Revolver an die Schläfe zu setzen und abzudrücken. In der Trommel des Revolvers befinden sich Kugeln, nicht jedoch in allen Kammern.

Es geht (um nichts weniger als) darum, die Trommel zu drehen und zu sehen, ob man das Glück hat, dass die Kammer beim nächsten Schuss leer ist und man dem Tod entkommt. Nachdem wir jetzt Bescheid wissen, nehmen wir einmal an, man hat einen Revolver mit 6 Kammern. Wir wissen, dass jeweils 3 Kugeln enthalten und je 3 leer sind, mit der Besonderheit, dass die 3 Geschosse sich in drei *aufeinanderfolgenden* Kammern befinden. Nehmen wir weiter an, dass 2 Spieler teilnehmen. Die Trommel (in der sich die Kugeln befinden) wird ein einziges Mal gedreht. Jeder Spieler ergreift die Waffe, zielt auf seinen Kopf und drückt ab. Wenn er überlebt, gibt er den Revolver an den anderen Teilnehmer weiter, der ebenso verfährt: Er zielt und drückt ab. Das Spiel ist zu Ende, wenn einer der beiden tot ist. Die Frage ist: Wer hat größere *Überlebenschancen* – derjenige, der als Erster oder als Zweiter schießt? *Ist überhaupt ein Vorteil darin zu sehen, der Erste oder der Zweite zu sein? Was würden Sie vorziehen?*

*Lösung:*

Sehen wir uns an, zu welchen Ergebnissen das Drehen der Trommel führen kann:

| 1 | 2 | 3 | 4 | 5 | 6 |
|---|---|---|---|---|---|
| x | x | x | o | o | o |
| o | x | x | x | o | o |
| o | o | x | x | x | o |
| o | o | o | x | x | x |
| x | o | o | o | x | x |
| x | x | o | o | o | x |

*x* steht für eine Kugel und *o* für eine leere Kammer. Ich habe zusätzlich alle Kammern nummeriert, das heißt, diejenige mit der Nummer 1 bestimmt über das Schicksal des ersten Teilnehmers.

Sehen wir uns nun an, welche *Überlebenschancen* der erste Schütze hat. Von den sechs Alternativen stehen drei zu seinen Gunsten (diejenigen, die mit *o* gekennzeichnet sind). Die Wahrscheinlichkeit, dass er überlebt, beträgt also 1/2, denn bei drei von sechs möglichen Positionen kommt er mit dem Leben davon.

Rechnen wir jetzt die Chancen des zweiten Mitspielers aus, wenngleich ich Ihnen vielleicht ein wenig Zeit geben sollte, über das Problem noch einmal an Hand der Tabelle mit allen möglichen Fällen nachzudenken. Wenn Sie dennoch lieber gleich weiterlesen, *zählen wir* gemeinsam.

Es ist wichtig zu berücksichtigen, dass der zweite Spieler die Waffe nur dann in die Hand nimmt, wenn der erste weiterhin am Leben ist. Das heißt, da die *Trommel* nur ein einziges Mal gedreht wurde, verharrt diese in der Position, die das ganze Spiel über bestehen bleibt.

Sehen wir also in der Tabelle nach: Wie viele Möglichkeiten beginnen mit dem Buchstaben *o*? – Es sind drei (in der zweiten, dritten und vierten Zeile), aber das Interessante ist, dass von diesen drei *nur eine* eine Kugel in der zweiten Kammer nach sich zieht. Die anderen beiden Alternativen bieten wieder ein *o*. In *zwei* von drei möglichen Fällen überlebt also der zweite Konkurrent. Folglich beträgt die Wahrscheinlichkeit, am Leben zu bleiben, für diesen 2/3.

Die Schlussfolgerung lautet daher, dass die Position des zweiten Spielers vorzuziehen ist, da die Überlebenschancen des ersten bei 1/2 und beim zweiten bei 2/3 liegen.

Wenn es Sie interessiert, wie es weitergeht, falls der zweite Schütze davonkommt: Nun ist wieder der erste an der Reihe, und dieser überlebt in *einem* von zwei möglichen Fällen.
Und beim zweiten genauso. Das heißt, wenn sie einmal so weit gekommen sind (jeder hat einmal geschossen und ist am Leben geblieben), sind die Chancen für beide gleich.

## Problem der zwölf Münzen

Das folgende Problem dient dazu, komplexe Situationen zu analysieren, die von vielen Variablen und vielen möglichen Szenarien dominiert werden. Um es zu lösen, sollte man sich mit einem Blatt (oder mehreren Blättern) Papier, Zeit (ist immer nützlich) und viel Muße zum Denken und Analysieren hinsetzen.
Als Organisatoren des Mathematikwettbewerbs, der den Namen meines Vaters Ernesto Paenza trägt, legten wir diese Aufgabe einmal innerhalb einer der Prüfungen vor (im Jahr 1987). Die Aufgabenstellung ist einfach und es ist gewiss sehr reizvoll zu versuchen, die Lösung zu finden.

Wir haben 12 äußerlich gleich aussehende Münzen, von denen jedoch *eine* ein abweichendes Gewicht aufweist. Man weiß allerdings nicht, ob sie *mehr* oder *weniger* wiegt, nur dass es einen *Unterschied* gibt. Diesen festzustellen, ist unser Ziel. Dafür verfügt man über eine Waage mit zwei Waagschalen. Es handelt sich um ein sehr einfaches Gerät, mit dem man nur feststellen kann, ob die Gegenstände auf der einen Seite mehr, weniger oder gleich viel wiegen wie diejenigen auf der anderen. Um zu bestimmen, welche die andersartige Münze ist, darf man lediglich dreimal wiegen.

Dabei stellen sich folgende Fragen:

a) Ist dies möglich?
b) Gibt es eine Lösung für dieses Problem? Wenn ja, welche? Wenn nein, ist dies ebenfalls zu beweisen.

Fertig. Dies ist schon die ganze Aufgabenstellung mit den erforderlichen Bedingungen.
Wie immer bitte ich Sie, selbst darüber nachzudenken. Nach einer Lösung zu suchen, trainiert den Geist, schult das Denken, lehrt über das, was man unmittelbar sieht, hinauszudenken. Hören Sie bitte auf mich, es lohnt sich, es zu versuchen, ohne gleich die Antwort zu lesen. Mehr noch: Auch wenn Sie letztendlich nicht auf die Lösung *kommen*, glauben Sie mir, die logischen Fähigkeiten eines Menschen steigern sich auch durch den bloßen Versuch.

### *Lösung:*

*Es gibt eine Lösung* für das Problem. Ich glaube nicht, dass es die Einzige ist, aber ich werde hier eine der Möglichkeiten vorführen. Dennoch bin ich der Meinung – wie Sie sicherlich gemerkt haben –, dass Ihr eigener Lösungsweg immer der beste ist, weil dieser Ihnen gehört: Sie haben sich ihn erkämpft und sind ganz allein darauf gekommen.

Doch nun zur Lösung: Nummerieren wir die Münzen mit 1 bis 12 und benennen wir die Waagschalen ebenfalls – die linke heißt A und die rechte B.
Beim ersten Wiegevorgang wählen wir die Münzen (1, 2, 3, 4) und legen Sie auf A. Anschließend geben wir (5, 6, 7, 8) auf B.
Es gibt drei Möglichkeiten:

a) Sie wiegen gleich viel.
b) Waagschale A wiegt mehr als B (A > B);
c) Waagschale B wiegt mehr als A (B > A).

Untersuchen wir nun die einzelnen Fälle:

Fall a) Wenn die acht Münzen gleich viel wiegen, dann heißt dies, dass *die Münze mit dem abweichenden Gewicht* unter den *vieren* (9, 10, 11, 12) sein muss, die beim ersten Wiegen außen vor blieben. Wie können wir herausfinden, welche es ist, auch wenn wir die Waage nur noch zweimal benutzen dürfen?
Wir nehmen die Münzen (9, 10) und vergleichen diese, indem wir sie jeweils auf A und B legen. Wie oben existieren drei Möglichkeiten, aber in diesem Fall betrachten wir nur folgende Alternativen:

Erste Möglichkeit: 9 und 10 sind gleich schwer. Daraus ist zu schließen, dass die *andersartige Münze* entweder die 11 oder 12 ist. Aber wir dürfen nur noch einmal wiegen und dies nutzen wir, um 9 und 11 zu vergleichen.
Wir wissen schon, dass es die 9 nicht ist, sondern entweder die 11 oder die 12. Wenn die 9 und die 11 gleich schwer sind, ist die 12 das gesuchte Geldstück. Warum?

Weil dies hieße, dass die 11 das gleiche Gewicht aufweist wie die 9, und wir wissen ja bereits, dass die 9 eine der *guten* Münzen ist, um sie einmal so zu nennen. Wenn daher die 9 zu den guten gehört und 11 genauso viel auf die Waage bringt wie die 9, dann ist die einzige verbleibende Alternative, dass die 12 *die abweichende Münze* ist.

Zweite Möglichkeit: 9 und 10 haben ein unterschiedliches Gewicht. Deshalb muss *eine* von beiden (9 oder 10) die gesuchte Münze sein. Es bleibt uns nur noch einmal Wiegen, um festzustellen, welche es ist.
Wir legen 9 und 11 auf die Waage. Falls sie gleich schwer sind, dann ist die abweichende Münze die 10 (denn wir wissen bereits, dass die 11 eine der guten Geldstücke ist, und die 9 würde in diesem Fall das Gleiche wie die 11 wiegen). Wenn hingegen 9 und 11 ein unterschiedliches Gewicht besitzen, muss die 9 die abweichende Münze sein, da uns ja bekannt ist, dass das gesuchte Exemplar entweder die 9 oder 10 ist (und die 11 daher zu den *guten* gehört).
Bis hierher konnten wir unser Problem stets lösen für den Fall, dass wir beim ersten Wiegen feststellen, dass die acht Münzen (1, 2, 3, 4, 5, 6, 7, 8) gleich schwer sind.

Fall b) Angenommen A > B, das heißt, die Münzen (1, 2, 3, 4) wiegen mehr als (5, 6, 7, 8). In diesem Fall scheiden vier Geldstücke aus: 9, 10, 11 und 12. Die gesuchte Münze muss unter den ersten acht sein.

Diese müssen wir nun durch zweimaliges Wiegen identifizieren.
Zu diesem Zweck nehmen wir *zwei* Münzen aus der Waagschale A (3 und 4) und fügen *eine* aus Schale B hinzu: zum Beispiel die Nummer 5. Diese drei Geldstücke (3, 4 und 5) legen wir auf A. Zum anderen nehmen wir die anderen beiden Münzen von der Schale A (1 und 2) und legen sie auf die andere Seite, zusammen mit einer der bereits ausgesonderten Münzen, die wir beliebig auswählen, beispielsweise der 10. Diese legen wir auf Waagschale B.
Also:

- Schale A: 3, 4 und 5.
- Schale B: 1, 2 und 10.

Um weiterzukommen, setzen wir die Waage nun ein zweites Mal ein. Wie immer sind drei Dinge möglich: dass sie gleich viel wiegen, dass A > B, oder umgekehrt, dass A < B.
Untersuchen wir diese Fälle.

*Erste Möglichkeit:* Wenn (3, 4, 5) genauso viel auf die Waage bringen wie (1, 2, 10), heißt dies, dass man *ausschließen*

*kann, dass die gesuchte Münzen sich unter diesen sechs befindet.* Für den Fall der 10 wussten wir dies bereits, aber nun kommen die 1, 2, 3, 4 und 5 noch hinzu. Daher ist die abweichende Münze die 6, 7 oder 8. Aber wir dürfen nur noch einmal wiegen und haben drei Geldstücke. Dies ist die entscheidende Situation innerhalb unseres Gedankengangs. Wieder sind wir an dem Punkt angekommen, dass wir uns an Hand von *drei* Münzen und *einem Wiegegang* entscheiden müssen.
Wir wiegen 6 und 7. Wenn diese beiden gleich schwer sind, kann nur die Nummer 8 die gesuchte Münze sein. Wenn hingegen die 6 schwerer ist als die 7, schließt dies die 8 prinzipiell aus. Da aber andererseits beim ersten Mal Wiegen (1, 2, 3, 4) mehr auf die Waage brachten als (5, 6, 7, 8), bedeutet dies, dass das gesuchte Geldstück *weniger* als die anderen wiegt. Dies ist der Fall, weil sich die abweichende Münze beim ersten Wiegevorgang rechts, auf der Waagschale B, befand. Wenn daher 6 mehr wiegt als 7, ist das gesuchte Stück die 7. Wenn hingegen 6 weniger als 7 auf die Waage bringt, dann ist es die 6.

*Zweite Möglichkeit:* Nun wenden wir uns dem Fall zu, dass die Münzen (3, 4, 5) *mehr wiegen* als (1, 2, 10). Nachdem wir die 5 auf die andere Waagschale gegeben haben und A immer noch schwerer ist, muss man diese ausschließen, da wir ja auch wissen, dass die Geldstücke (1, 2, 3, 4) mehr als (5, 6, 7, 8) wiegen. Die 5 ist demnach nicht das gesuchte Exemplar. Aber die Münzen 1 und 2 sind es auch nicht, denn diese legten wir ebenfalls auf die andere Waagschale, von A nach B, und deren Position blieb bestehen. Da die 10 bereits von vornherein ausgeschlossen war und wir sie nur dazu benutzten, die Ge-

wichte »auszutarieren«, bedeutet dies, dass die gesuchte Münze die 3 oder die 4 ist.
Um aufzuklären, welche der beiden es ist, dürfen wir unsere Waage nur noch einmal einsetzen.
Wir legen die 3 auf Waagschale A und die 4 auf B. *Sie können nicht das Gleiche wiegen, da ja eine der beiden* die gesuchte Münze sein *muss*, genauer gesagt, ist es diejenige, die *mehr* wiegt. Dies führte dazu, dass die Waagschale A beim ersten und auch beim zweiten Wiegen schwerer war (und ist).
Wenn also 3 mehr wiegt als 4, ist die 3 das gesuchte Exemplar, wenn sich herausstellt, dass die 4 mehr Gewicht aufbringt als die 3, ist es die 4.
Und damit sind wir mit diesem Teil fertig.

*Dritte Möglichkeit:* Nun müssen wir noch den Fall behandeln, dass die Münzen (3, 4, 5) *weniger* als (1, 2, 10) *wiegen*. Hierbei gibt es verschiedene Möglichkeiten. Die einzigen Münzen, unter denen die gesuchte sein könnte, sind die 1, 2 oder 5. Warum? Beim ersten Wiegen waren (1, 2, 3, 4) schwerer als (5, 6, 7, 8), beim zweiten Mal wechselten 1 und 2 auf Waagschale A und 5 ging von Waagschale B auf A über.
Da 3 und 4 auf A verblieben und sich nun die Position der Waagschalen geändert hat, sind 3 und 4 auszuschließen. Sie beeinflussen das Gewicht offensichtlich nicht.
Wir legen dann die Münze 1 auf A und die 2 auf B. Wenn sie gleich schwer sind, dann ist 5 das gesuchte Geldstück.
Dies ist damit zu erklären, dass sich alles auf *drei* Münzen konzentriert hat: 1, 2 und 5. Und so muss Letztere das differierende Exemplar sein, falls 1 und 2 ein identisches Gewicht aufweisen.

Wenn hingegen 1 mehr wiegt als 2, heißt dies, dass 1 unsere abweichende Münze ist (überprüfen Sie noch einmal, was mit Geldstück 1 von Anfang an während der drei Wiegevorgänge geschah, und Sie werden feststellen, dass das Exemplar mit dem größeren Gewicht das gesuchte ist). Wenn andererseits 2 schwerer ist als 1, dann ist sie es.

Fall c) Nun müssen wir noch den Fall analysieren, dass beim ersten Wiegen die Münzen (1, 2, 3, 4) *leichter* sind als (5, 6, 7, 8). In diesem Fall sind, genau wie vorher, (9, 10, 11, 12) als Kandidaten für das gesuchte Stück auszuschließen.
Wie bisher wählen wir nun sechs Münzen zum Vergleich. Wir legen – zum Beispiel – (3, 4, 5) auf A und (1, 2, 10) auf B. Bei diesem Vorgang wollen wir nur drei Münzen auf die jeweils andere Waagschale wandern lassen: 1 und 2 von A nach B und die Münze 5 im Gegenzug von B nach A. Die 10 spielt dabei nur eine ausgleichende Rolle, da wir sie ja bereits ausgeschlossen haben.
Was kann passieren? Wenn (3, 4, 5) *genauso viel* wiegen wie (1, 2, 10), ist unser gesuchtes Exemplar die 6, 7 oder 8 (dies geht aus dem ersten Wiegen hervor). Außerdem ist sie *schwerer*, denn bei unserem ersten Wiegevorgang war das Gewicht der Waagschale B größer als A, und wir wissen, dass sich die gesuchte Münze auf B befindet [weil (3, 4, 5) genauso viel wiegen wie (1, 2, 10)].
Wir geben 6 auf A und 7 auf B. Wenn sie sich die Waage halten, ist die 8 das gesuchte Geldstück. Wenn 6 schwerer ist als 7, ist es die 6, und wenn 7 mehr wiegt, ist es die 7.
Wenn aber (3, 4, 5) *mehr* Gewicht aufbringen als (1, 2, 10), dann beschränkt sich die Diskussion um die gesuchte

Münze auf (1, 2 und 5), da dies die Einzigen drei sind, die wir auf eine andere Waagschale gegeben haben (unter Berücksichtigung des ersten Wiegevorgangs). Wir legen 1 auf A und 2 auf B. Wenn sie gleich schwer sind, ist 5 das differierende Exemplar. Falls 1 mehr als 2 wiegt, ist 2 das abweichende Stück, weil beim ersten Wiegen die Münzen (1, 2, 3, 4) *weniger* Gewicht aufwiesen als (5, 6, 7, 8). Handelt es sich bei dem gesuchten Exemplar entweder um die 1 oder die 2, muss es also diejenige sein, die *weniger* wiegt. Wenn umgekehrt die 1 *leichter* ist als die 2, ist die 1 die abweichende Münze.
Nehmen wir schließlich noch an, dass (3, 4, 5) *weniger* Gewicht aufbringen als (1, 2, 10). Damit lässt sich die Münze 5 eliminieren, denn obwohl man sie von der einen auf die andere Waagschale wandern lässt, verändert die Waage ihre Neigungsposition nicht (das heißt, Waagschale A wiegt *weniger* als Waagschale B).
Wenn wir die Münzen 1, 2 und 5 beim zweiten Wiegen auf die andere Waagschale geben und sich ihr Gewicht nicht verändert, dann sind aus dem gleichen Grund die 1, 2 und 5 auszuschließen. Das *gesuchte* Exemplar ist also die 3 oder 4. Und es ist dasjenige von beiden, das *leichter* ist, weil beide bei den ersten beiden Wiegegängen dazu führten, dass Waagschale A *weniger wog* als B. Daher legen wir 3 auf A und 4 auf B. Wir wissen, dass *sie nicht gleich schwer sein können*. Folglich ist die 3 die gesuchte Münze, wenn sie *weniger* wiegt als 4. Umgekehrt ist die 4 das Ziel unserer Suche, wenn sie weniger als 3 auf die Waage bringt.
Und fertig, damit ist unsere Analyse beendet.
Schwierig? Nein. Komplex? Auch nicht. Man muss nur lernen, diese Art von Analyse durchzuführen, bei der es

viele Möglichkeiten und offensichtlich auch viele Variablen gibt.
Es erfordert Konzentration … Und die Konzentration zu trainieren, ist niemals verkehrt, sondern vielmehr sehr nützlich.

## Problem des Handlungsreisenden

Wenn Sie dazu in der Lage wären, das Problem zu lösen, das ich im Folgenden stellen werde, dürften Sie sich über eine Million Dollar auf Ihrem Bankkonto freuen, überwiesen vom Clay Mathematics Institute. Die Aufgabenstellung ist wirklich sehr einfach und problemlos zu verstehen. Dies bedeutet natürlich nicht, dass sie auch leicht zu lösen wäre, im Gegenteil. Man wird es sich sicherlich gut überlegen, bevor man eine derartige Summe bezahlt, wenn jemand die Lösung für ein Problem liefert, das wie ein echtes Kinderspiel aussieht. Es liegt jedoch seit mehr als fünfzig Jahren vor und bis jetzt hat es niemand gelöst. Folgen Sie mir bitte.

Eine Person muss eine gewisse Anzahl an Städten bereisen, die unter sich (durch Straßen- oder Flugzeugrouten) verbunden sind. Das heißt, man kann sich immer von einer zu anderen in jegliche Richtung bewegen. Außerdem spielt es eine Rolle, wie viel die Reise jeweils kostet. Um die Sache zu vereinfachen, werden wir annehmen, dass die Unkosten der Fahrt von Stadt A nach Stadt B genauso hoch sind wie von B nach A.
Das Problem besteht darin, eine Route zu entwickeln, bei der alle Städte *nur einmal besucht* werden und Aus-

gangs- und Endpunkt identisch sind; zusätzlich soll sie *die kostengünstigste* sein. Das ist schon alles!
Sagen Sie mir nicht, Sie überlegen jetzt nicht, ob Sie alles noch einmal durchlesen sollten, denn ich bin sicher, Sie zweifeln daran, ob Sie die Problemstellung richtig verstanden haben. Eines von beiden: Entweder haben Sie das Konzept nicht korrekt erfasst oder irgendetwas stimmt nicht auf dieser Welt. Das Ganze verhält sich jedoch so, dass die *Schwierigkeit* versteckt scheint. Die Versuche, die verschiedene Mathematikergenerationen unternommen haben, um es zu lösen, führten zwar zu vielfältigen Fortschritten, vor allem auf dem Gebiet der Optimierung, aber bislang gibt es keine Lösung für das Problem insgesamt. Wenden wir uns einigen einfachen Beispielen zu.

Angenommen, wir haben 4 Städte, sagen wir A, B, C und D. Wie oben erwähnt, wissen wir, dass *es dasselbe kostet*, von A nach B zu reisen wie von B nach A. Das Gleiche gilt auch für alle anderen Städtepaare. Um ein Beispiel zu geben, werde ich nun einige Daten erfinden, so dass wir das Problem an Hand eines konkreten Falls durchdenken können.

a) Kosten der Reise AB = 100
b) Kosten der Reise AC = 150
c) Kosten der Reise AD = 200
d) Kosten der Reise BC = 300
e) Kosten der Reise BD = 50
f) Kosten der Reise CD = 250

Damit haben wir alle denkbaren Wege zwischen allen möglichen Städtepaaren abgedeckt.

Sehen wir uns außerdem an, welche Routen man nehmen kann, um die 4 Städte anzusteuern, wobei man jede einzelne nur *ein einziges Mal* anfährt und anschließend zum Ausgangspunkt zurückkehrt:

1) ABCDA
2) ABDCA
3) ACBDA
4) ACDBA
5) ADBCA
6) ADCBA
7) BACDB
8) BADCB
9) BCADB
10) BCDAB
11) BDACB
12) BDCAB
13) CABDC
14) CADBC
15) CBADC
16) CBDAC
17) CDABC
18) CDBAC
19) DABCD
20) DACBD
21) DBACD
22) DBCAD
23) DCABD
24) DCBAD

Nun muss man nur noch die Preise für die Strecken notieren und entsprechend zusammenzählen:

| | | | | |
|---|---|---|---|---|
| 1-ABCDA | AB = 100 | BC = 300 | CD = 250 | DA = 200 |
| 2-ABDCA | AB = 100 | BD = 50 | DC = 250 | CA = 150 |
| 3-ACBDA | 150 | 300 | 50 | 200 |
| 4-ACDBA | 150 | 250 | 50 | 100 |
| 5-ADBCA | 200 | 50 | 300 | 150 |
| 6-ADCBA | 200 | 250 | 300 | 100 |
| 7-BACDB | 100 | 150 | 250 | 50 |
| 8-BADCB | 100 | 200 | 250 | 300 |
| 9-BCADB | 300 | 150 | 200 | 50 |
| 10-BCDAB | 300 | 250 | 200 | 100 |
| 11-BDACB | 50 | 200 | 150 | 300 |
| 12-BDCAB | 50 | 250 | 150 | 100 |
| 13-CABDC | 150 | 100 | 50 | 250 |
| 14-CADBC | 150 | 200 | 50 | 300 |
| 15-CBADC | 300 | 100 | 200 | 250 |
| 16-CBDAC | 300 | 50 | 200 | 150 |
| 17-CDABC | 250 | 200 | 100 | 300 |
| 18-CDBAC | 250 | 50 | 100 | 150 |
| 19-DABCD | 200 | 100 | 300 | 250 |
| 20-DACBD | 200 | 150 | 300 | 50 |
| 21-DBACD | 50 | 100 | 150 | 250 |
| 22-DBCAD | 50 | 300 | 150 | 200 |
| 23-DCABD | 250 | 150 | 100 | 200 |
| 24-DCBAD | 250 | 300 | 100 | 200 |

Damit gibt es insgesamt 24 mögliche Routen zu folgenden Kosten:

| Reise | Kosten | Reise | Kosten |
|---|---|---|---|
| 1 | 850 | 2 | 550 |
| 3 | 700 | 4 | 550 |
| 5 | 700 | 6 | 850 |
| 7 | 550 | 8 | 850 |
| 9 | 700 | 10 | 850 |
| 11 | 700 | 12 | 700 |
| 13 | 550 | 14 | 700 |
| 15 | 850 | 16 | 700 |
| 17 | 850 | 18 | 550 |
| 19 | 850 | 20 | 700 |
| 21 | 550 | 22 | 700 |
| 23 | 700 | 24 | 850 |

Man müsste also eine der Strecken wählen, die 550 kostet. In diesem Fall besitzt das Problem offensichtlich eine sehr einfache Lösung. Worin liegt dann die Schwierigkeit? Es fehlt nur wenig, bis wir dahinterkommen, aber bevor ich sie verrate, wäre es mir lieb, wenn Sie auch mitdächten.

Bislang haben wir gesehen, dass es bei 4 Städten 24 mögliche Wege gibt, die zu analysieren sind. Gehen wir nun von 5 statt von 4 Orten aus. Wie viele denkbare Strecken sind es dann? (Darin liegt der Dreh- und Angelpunkt.) Sobald die erste Stadt der Route festgelegt ist (beliebig aus den 5 ausgewählt): Wie viele Möglichkeiten bleiben für die Wahl der zweiten? Antwort: Es kann jede beliebige der 4 übrigen sein. Das heißt, nur um die ersten 2

Städte abzufahren, gibt es bereits 20 verschiedene Anfangsmöglichkeiten:

AB, AC, AD, AE, BA, BC, BD, BE, CA, CB, CD, CE, DA, DB, DC, DE, EA, EB, EC und ED.

Und nun? Wie viele haben wir für die dritte Stadt?
Zwei haben wir schon festgelegt, daher bleiben noch 3 zur Auswahl. Da wir bereits 20 Varianten für den Anfang hatten und jede davon auf 3 Arten fortgesetzt werden kann, kommen wir demnach bei 3 Städten auf 60 verschiedene Wege. (Merken Sie, wo die Schwierigkeit beginnt?)
Wie viele Möglichkeiten existieren für die vierte Stadt, die zur Auswahl steht? Antwort: 2 (denn es bleiben nur noch 2 übrig, die wir für die skizzierte Route bislang noch nicht verwendet haben). Also können wir jede einzelne der 60 Anfangsmöglichkeiten für 3 Orte mit *2 weiteren* fortsetzen. Damit erhalten wir 120 Reiserouten mit 4 Städten.
Und nun zum Schluss haben wir *keine* Wahlmöglichkeit mehr, denn von den 5 vorhandenen Zielen haben wir schon 4 festgelegt. Das fünfte ergibt sich durch das Ausschlussverfahren, da es ja das einzige ist, das noch übrig ist. Fazit also: Wir haben 120 mögliche Routen.
Wenn Sie diese Ausführungen noch einmal Revue passieren lassen, stellen Sie fest, dass wir auf 120 gekommen waren, indem wir die ersten fünf natürlichen Zahlen multiplizierten:

$$120 = 5 \cdot 4 \cdot 3 \cdot 2 \cdot 1$$

Diese Zahl ist auch unter dem Symbol *5!* bekannt, was jedoch nicht als Ausrufezeichen zu verstehen ist, sondern wir Mathematiker nennen dies die *Fakultät* von 5. In dem Fall, den wir untersuchen, stellt 5 genau die Anzahl der Städte dar.[17] Man kann sich leicht vorstellen, was geschieht, wenn man statt 5 Orten 6 oder mehr hat. Die Zahl der möglichen Wegverläufe würde betragen:

$$6! = 6 \cdot 5 \cdot 4 \cdot 3 \cdot 2 \cdot 1 = 720$$

7 Städte, 7! = 5.040
8 Städte, 8! = 40.320
9 Städte, 9! = 362.880
10 Städte, 10! = 3.628.800

An dieser Stelle halte ich inne. Wie Sie sicherlich bemerkt haben, beträgt die Summe der möglichen Routen, die zu analysieren sind, bei nur 10 Städten mehr als 3.600.000! Daraus lässt sich zunächst folgern, dass die Fakultät sehr schnell ansteigt, je weiter man in der Welt der natürlichen Zahlen voranschreitet.

Und nun stellen Sie sich vor, ein Handlungsreisender muss sich entscheiden, auf welchem Weg er die Haupt-

**17** Man gibt diesem Vorgehen, das daraus resultiert, die *ersten n natürlichen Zahlen* zu multiplizieren *(die Fakultät von ›n‹),* einen Namen, da diese Situation sehr oft auftritt, wenn man *endliche Mengen berechnen* muss. Das heißt, es macht Sinn, *das Produkt der ersten natürlichen Zahlen irgendwie zu benennen.* Beispiele:

$$3! = 3 \cdot 2 \cdot 1 = 6$$
$$4! = 4 \cdot 3 \cdot 2 \cdot 1 = 24$$
$$5! = 5 \cdot 4 \cdot 3 \cdot 2 \cdot 1 = 120$$
$$10! = 10 \cdot 9 \cdot 8 \cdot 7 \cdot 6 \cdot 5 \cdot 4 \cdot 3 \cdot 2 \cdot 1 = 3.628.800$$

städte der 22 argentinischen Provinzen zu möglichst geringen Kosten bereisen soll. Übereinstimmend mit dem, was wir oben gesehen haben, müsste man

> 1.124.000.727.777.610.000.000 mögliche Routen
> (mehr als 1.100 Trillionen)

unter die Lupe nehmen.

Es wird einem somit klar, dass man einen gewiss sehr leistungsfähigen Computer benötigt, um dieses Problem zu lösen. Und trotzdem ist dieses Beispiel (die 22 Hauptstädte) noch sehr wenig umfangreich …

Ich glaube, nunmehr ist deutlich geworden, dass die Schwierigkeit nicht im Rechengang oder der richtigen Methodik besteht. Dies ist der einfache Part! Man muss addieren und vergleichen. Nein, das bisher ungelöste Problem liegt darin begründet, dass man es mit ungemein vielen Zahlen, einer *enormen* Größe, zu tun hat, die auch in den einfachsten Fällen einiger weniger Städte nicht handhabbar erscheint.

Die Idee ist, ein Verfahren zu ermitteln, die billigste Route herauszufinden, ohne all diese Rechnungen aufstellen zu müssen, denn man weiß, dass bereits bei 100 Städten die Zahl der möglichen Routen so groß ist, dass nicht einmal die mächtigsten Computer in der Lage sind, sie durchzuführen. Es gibt verschiedene besondere Fälle, die gelöst wurden, aber in der Hauptsache ist das Problem nach wie vor *offen*.

Ein letzter Kommentar dazu: Nach den aktuellen Computermodellen scheint es keine Lösung zu geben. Es ist demnach irgendeine neue Idee notwendig, die das bisher Bekannte völlig revolutioniert.

# Die Mathematik ist ein Spiel (oder etwa nicht?)

Alice lächelte: »Es hat keinen Sinn, es zu versuchen«, sagte sie. »Man kann nicht an Unmögliches glauben.« – »Ich wage zu behaupten, du hast es nicht genug versucht«, antwortete die Königin. »Als ich jung war, versuchte ich es mindestens eine halbe Stunde am Tag. An manchen Tagen glaubte ich schon vor dem Frühstück an bis zu sechs unmögliche Dinge.«

LEWIS CARROLL, *ALICE HINTER DEN SPIEGELN*

»Doch wo müsste ich anfangen?«, fragte es [das Weiße Kaninchen]. – »Fang am Anfang an«, sagte der König, »und höre auf, wenn du am Ende angelangt bist.«

LEWIS CARROLL, *ALICE IM WUNDERLAND*

## Spieltheorie. Strategie (eine Definition)

Was ist *strategisches Denken*? Es geht dabei hauptsächlich darum, wie wir die Interaktion mit anderen Personen gestalten können, die uns mit Situationen konfrontieren, die wir uns zunächst vorstellen und der wir uns dann stel-

len müssen, wobei wir wiederum uns nach Kräften bemühen, selbst die Oberhand zu *gewinnen*. Jemand anders als wir denkt genauso wie wir, zur gleichen Zeit wie wir, zur gleichen Situation wie wir. Geht es dabei um ein Fußballspiel, wird der gegnerische Trainer die Spieltaktik vorbereiten, die seiner Meinung nach diejenige aushebelt, die wir – wie er vermutet – im Verlauf des Matches anwenden werden. Genauso wie wir berücksichtigen müssen, was der andere Spieler denkt, muss er natürlich wiederum berücksichtigen, was *wir* denken.
Die Spieltheorie ist die Analyse oder Wissenschaft (wie es Ihnen lieber ist), wie man diese Art von *Entscheidungsfindung* in Einklang mit einem rationalen Verhalten optimieren kann.
Es lässt sich feststellen, dass man rational handelt, wenn

- man genau nachdenkt, bevor man etwas tut;
- sich seiner *Ziele und Neigungen* bewusst ist;
- seine *Grenzen* kennt;
- weiß, mit welchen *Einschränkungen* man zu rechnen hat;
- seine Aktionen kalkuliert auswählt, um nach *seinen* Kriterien das Beste zu erreichen.

Die Spieltheorie fügt dem rationalen Handeln eine neue Dimension hinzu, hauptsächlich indem sie lehrt, auf *gebildete*[18] Weise zu denken und zu handeln, wenn man mit anderen Menschen konfrontiert wird, die die gleichen Werkzeuge einsetzen. Diese Theorie beansprucht weder,

**18** In dem Sinne, dass man nach dem vorgeht, was man gelernt und geplant hat; es geht nicht um »Moral und gute Sitten«.

dass sie einen in die Geheimnisse einweiht, wie man das »perfekte« Spiel macht, noch garantiert sie, dass man niemals verlieren wird. Diese Denkweise würde auch keinen Sinn ergeben, hält man sich vor Augen, dass sowohl wir als auch unser Gegner das gleiche Buch lesen könnten und es ja nicht möglich ist, dass wir beide gewinnen.
Aber ganz abgesehen von dieser Binsenweisheit ist es sehr wichtig festzuhalten, dass der Großteil dieser Spiele hinreichend komplex und subtil ist und die meisten Situationen Entscheidungen erfordern, die auf der Eigenart der Personen oder Zufallselementen basieren; somit kann die Spieltheorie (und auch keine andere Theorie) kein unfehlbares Erfolgsrezept bieten. *Aber* sie kann bestimmte allgemeine Prinzipien liefern, mit deren Hilfe man in der Lage ist zu lernen, strategisch zu interagieren. Man muss diese Ideen und Berechnungsmethoden mit möglichst vielen Details unterfüttern, um dem Zufall so wenig Raum wie möglich zu überlassen und auf diese Weise die optimale Strategie zu entwerfen – oder zumindest eine sehr gute.
Die besten Strategen verbinden die Wissenschaft der Spieltheorie mit ihrer eigenen Erfahrung. Eine korrekte Analyse jeglicher Situation beinhaltet auch, alle Einschränkungen klar zu erkennen und zu beschreiben.
Man könnte denken, dass man in einem Sinne bereits seine Kunst versteht und alles, was es zu wissen gibt, durch die Erfahrung gelernt hat. Die Spieltheorie liefert jedoch einen wissenschaftlichen Blickwinkel, der allein dazu dient, weitere Urteilskriterien hinzuzufügen. Sie bietet außerdem eine Möglichkeit, viele allgemeine Prinzipien zu systematisieren, die zahlreichen Zusammenhängen und Anwendungen gemeinsam sind. Ohne diese

allgemeinen Prinzipien müsste man angesichts jeder neuen Situation, bei der eine Strategie notwendig ist, jedes Mal von vorn beginnen. Und dies wäre doch Zeitverschwendung.

## 600 Soldaten, ein General und die Spieltheorie

In dem Buch *Judgement under Uncertainty (dt. Urteil im Ungewissen)* von Tversky und Kahneman taucht ein Problem auf, bei dem es notwendig ist, in einer kritischen Situation eine Entscheidung zu treffen. Die beiden Autoren, beide Psychologen, entwerfen im Grunde genommen eine Alternative, bei der die Entscheidung, wie wir noch sehen werden, davon abhängt, wie sie dargestellt wird. Und wie wir eben gelernt haben, gibt es ja einen Zweig der Mathematik, bekannt unter dem Namen Spieltheorie, der sich genau mit dieser Art von Situationen beschäftigt.

Angenommen, ein General steht an der Spitze einer Truppe von 600 Soldaten. Plötzlich teilen ihm seine Spione mit, dass sie von einem gegnerischen Heer umzingelt seien, das mit der Absicht angerückt ist, *alle* (Soldaten) *zu töten*.

Da der General die Bedingungen des Terrains untersucht hatte, bevor er dort sein Lager aufgeschlagen hatte, und außerdem durch seine Späher über die neue Situation informiert wurde, ist ihm klar, dass ihm nun zwei Alternativen oder besser gesagt zwei Fluchtwege bleiben:

a) *Nimmt er den ersten Weg,* kann er 200 Soldaten retten.

b) *Wählt er den zweiten Weg,* liegt die Wahrscheinlichkeit, dass alle 600 überleben, bei 1/3, während diejenige, dass *keiner* durchkommt, 2/3 beträgt.

Was tun? Welche Route soll man nehmen?
Ich bitte Sie, an dieser Stelle kurz innezuhalten. Denken Sie einmal darüber nach, was Sie in einer vergleichbaren Situation täten. Welchen Weg würden Sie wählen? Sobald Sie sich das Problem noch einmal angesehen und eine *imaginäre* Entscheidung getroffen haben, lesen Sie bitte weiter, dann erfahren Sie, was die Mehrzahl der Menschen *nach den Ergebnissen von Statistiken* tun würde.

Man weiß, dass 3 von 4 Personen, also 75 Prozent, den *ersten* Weg vorziehen würden, wobei sie das Argument vorbringen, dass bei der zweiten Route die Wahrscheinlichkeit, dass *alle* umkommen würden, bei 2/3 liegt.
Soweit ist dies alles verständlich. Ganz unabhängig von der Entscheidung, die Sie selbst angesichts derselben Alternative getroffen hätten, handelt es sich hierbei um die von Wissenschaftlern erhobenen Daten. Beobachten Sie aber nun, wie die Antworten *sich dramatisch wandeln*, wenn die Optionen anders präsentiert werden.
Nehmen wir an, nun stellen sich folgende beiden *Fluchtwege* dar:

a) Wenn man den *ersten* nimmt, weiß man, dass 400 der 600 Soldaten *sterben* werden.
b) Wählt man hingegen *die zweite Route*, beträgt die Wahrscheinlichkeit, dass *alle überleben*, 1/3, während die Wahrscheinlichkeit, dass *alle zu Tode kommen*, bei 2/3 liegt.

Welchen Weg würden Sie wählen?
Wieder lohnt es sich, über die eigene Entscheidung nachzudenken, und diese dann den Antworten der anderen gegenüberzustellen.

Die Mehrzahl der Befragten (4 von 5, also 80 Prozent) plädierte für die *zweite Route*, wenn man ihnen das Problem auf diese Weise darstellte, und das Argument lautete, dass die Wahl von Weg eins den sicheren Tod für 400 Soldaten bedeutete, während bei der *zweiten Alternative* zumindest eine Chance von 1/3 bestünde, dass alle gerettet würden. Die beiden Fragen warfen dasselbe Problem auf *verschiedene Art und Weise* auf. Die unterschiedlichen Antworten gehorchten lediglich der Form, durch die es dargestellt wurde. Das bedeutet, es hängt ganz davon ab, was man am meisten betont – wie viele Menschenleben gerettet werden oder wie viele Menschen dem sicheren Tod entgegengehen.

## Das Gefangenendilemma

Eines der berühmtesten Probleme der Spieltheorie ist unter dem Namen »Gefangenendilemma« bekannt. Es gibt sehr viele verschiedene Versionen, die alle ihren eigenen Reiz besitzen. Ich habe eine davon ausgewählt, wobei die anderen einfach als Varianten desselben Themas zu betrachten sind.

Es geht um Folgendes: Zwei Personen wird vorgeworfen, eine Bank in England ausgeraubt zu haben. Die Diebe werden ins Gefängnis geworfen und in getrennte, nicht

miteinander verbundene Zellen eingesperrt. Beide machen sich mehr Gedanken darüber, in Zukunft nicht selbst einsitzen zu müssen, als über das Schicksal des Komplizen. Das heißt, jedem ist die Bewahrung *der eigenen Freiheit* wichtiger als die des anderen.
Der Staatsanwalt tritt auf den Plan. Die von ihm erhobenen Beweise sind ungenügend. Ein Geständnis wäre notwendig, um seinen Verdacht zu erhärten. Und nun kommen wir zum Kern des Ganzen. Er besucht beide und macht ihnen (getrennt) folgendes Angebot:
»Sie können sich entscheiden, ob Sie aussagen oder schweigen wollen. Wenn Sie gestehen und Ihr Komplize hingegen keine Angaben macht, ziehe ich meine Anklage gegen Sie zurück, aber ich verwende Ihre Aussage, um den anderen für zehn Jahre ins Gefängnis zu schicken. Wenn Ihr Mitangeklagter geständig ist und Sie schweigen, wird er in Freiheit bleiben und Sie für die nächsten zehn Jahre hinter Gittern. Wenn Sie beide gestehen, werden Sie beide verurteilt, aber jeweils nur zu fünf Jahren. Sollte keiner von Ihnen geständig sein, wird jeder lediglich zu einem Jahr Gefängnis verurteilt, da ich Sie nur wegen eines geringfügigen Delikts, des Tragens von Waffen, anklagen kann.«
»Sie entscheiden«, sagt er zu beiden getrennt. Aber wenn Sie aussagen wollen, müssen Sie beim Wächter an der Tür eine Nachricht hinterlegen, bevor ich morgen zurückkomme. Mit diesen Worten verlässt er sie.
Dieses Problem wurde 1951 von Merrill M. Flood, einem englischen Mathematiker, in Zusammenarbeit mit Melvin Dresher aufgestellt. Beide interessierten die Anwendungen, die diese Art von Dilemma auf den Entwurf von Strategien bezüglich eines potenziellen Atomkriegs auf-

weisen könnte. Den Namen »Gefangenendilemma« verdankt es Albert W. Tucker, Professor in Princeton, der die Ideen der Mathematiker für Gruppen von Psychologen adaptieren wollte.
Seither entstanden – und entstehen – zu diesem Dilemma viele Analysen und Kommentare, weshalb ich auch Sie bitten möchte, kurz darüber nachzudenken, bevor Sie weiterlesen.
Letztendlich illustriert es wieder einmal den Konflikt zwischen dem individuellen und dem Gruppeninteresse.

- Was würden Sie an der Stelle der Gefangenen tun?
- Welche Antwort haben diese Ihrer Meinung nach gegeben?
- Was würde die Mehrheit Ihrer Ansicht nach in einer ähnlichen Situation tun?
- Finden Sie Ähnlichkeiten mit Alltagssituationen, denen Sie schon begegnet sind?

Klar ist: Die Gefangenen müssen ihre Überlegungen anstellen, ohne sich untereinander besprechen zu können. Was tun? Auf den ersten Blick scheint die beste Lösung zu sein, nicht zu gestehen und jeweils – jeder Einzelne – ein Jahr im Gefängnis zu verbringen. Jedoch besteht vom Standpunkt der Einzelperson der optimale Weg darin *auszusagen*, egal was der andere tut.
Wenn der andere beschließt zu schweigen, kommt der Geständige natürlich frei und sein Komplize wandert für zehn Jahre hinter Gitter. Wenn hingegen der andere ebenfalls aussagt, müssen beide dafür mit fünf Jahren im Gefängnis bezahlen. Aber ist es sinnvoll zu schweigen? Lohnt es, das Risiko einzugehen, *nicht zu sprechen*?

Vom Standpunkt des »Solidaritätsspiels«, der »im Unglück vereinten Komplizen« aus gesehen: Wenn man *wüsste*, dass der andere nicht reden wird, würden ja beide nur ein Jahr Gefängnis verbüßen müssen. Aber sobald der andere spricht und das Idyll des Mannschaftsspiels zerbricht, sitzt der andere *zehn Jahre* ein.

Natürlich gibt es keine allgemeingültige Antwort auf dieses Dilemma. Und das ist gut so, denn sonst würde es sich nicht dazu eignen, reale Situationen zu modellieren, die wir in unserem Alltag erleben können. In einer solidarischen und idealen Welt wäre die richtige Lösung, den Mund zu halten, da man *wüsste*, dass der andere sich ebenso verhält. Die Situation verlangt *Vertrauen und Zusammenarbeit.*

Die »dominante Strategie« des geringsten Übels besteht in diesem Falle jedoch darin zu gestehen, und zwar unabhängig von dem Verhalten des anderen.

Die Spieltheorie besagt, dass die Spieler in der Mehrzahl der Fälle der *dominanten Strategie* folgen.

Was würden Sie tun? Sie müssen es niemandem verraten, denken Sie es sich nur. Würden Sie aussagen? ... Sind Sie sicher?

## Das Möbiusband. Eine Herausforderung für die Intuition

Das Möbius*band*, auch Möbius*schleife* genannt, wurde vor mehr als 150 Jahren durch Möbius entdeckt und stellt eine kuriose Herausforderung für die Intuition dar.

Für diejenigen, die es noch nicht kennen, präsentiert es eine weitere interessante Form, *Mathematik zu betreiben*, ohne dass man dabei rechnen muss. Wenn ich Sie überzeugen kann, schulden Sie mir etwas … Aber Scherz beiseite, natürlich sind Zahlen und Berechnungen notwendig, aber sie sind für eine Verbindung mit der Mathematik selbst nicht zwingend. Die *Ideen* stehen auch auf einer anderen Ebene: Salz, Pfeffer, Oregano und Paprika sind beim Kochen sehr nützlich, wenngleich sie nicht »das« Essen selbst *sind*. Was nun folgt, ist eines der Hauptgerichte. Es ist natürlich nicht das einzige, das ganz gewiss nicht, sondern eines unter vielen …

Ich brauche nun Ihre Unterstützung. Haben Sie Zeit, ein wenig nachzudenken oder vielmehr sich auf ein Gedankenspiel einzulassen? Wenn Sie wirklich ein bisschen spielen möchten, dann besorgen Sie sich ein ziemlich großes Stück Papier (Sie können sogar einen Bogen Zeitungspapier hernehmen – natürlich nachdem Sie sie schon gelesen haben), um sich einen Gürtel oder »Stirnband« (um dem Kind einen Namen zu geben) herzustellen, sowie einen Bleistift oder Textmarker und eine Schere. Es funktioniert noch besser, wenn Sie ein Papier finden, das auf jeder Seite eine andere Farbe hat.

Dies alles ist nicht zwingend notwendig, da weiter unten einige Zeichnungen zu sehen sind, durch die man auf die Bastelarbeit verzichten kann, falls man seine logischen Fähigkeiten steigern möchte. Wie auch immer, wenden wir uns nun unserer Aufgabe zu.

Stellen Sie sich also einen Gürtel vor, jedoch ohne Schnalle. Haben Sie sich schon einmal einen *verkehrt herum* umgeschnallt? Bestimmt ist dies vorgekommen. Sie werden mir zustimmen, dass die Existenz einer *Rückseite* auch eine *Vorderseite* verlangt. Das heißt, obwohl man (natür-

lich) nicht immer darauf achtet, wenn man sich einen Ring, einen Gürtel oder ein Stirnband anzieht, betrachtet man eine Seite als die *Innen-* und eine als die *Außen*seite.
Stellen Sie sich nun bitte vor, wir möchten einen solchen Gürtel aus Papier basteln. Dafür schneidet man einen langen Papierstreifen ab und *klebt* anschließend *die Enden zusammen*, wie in Abbildung 1 dargestellt. Man biegt somit das Papier um und verbindet die Enden A und B.

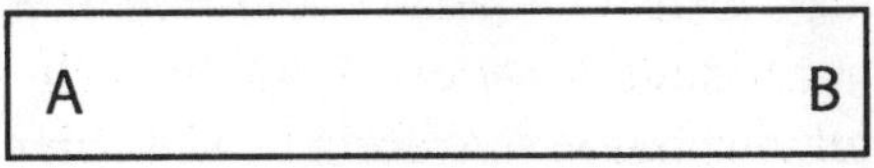


*Abbildung 1*

Auf diese Weise erhält man einen Gürtel (sehen Sie dies bitte nicht zu eng, es ist nur ein Beispiel). Wenn man also diesen Gürtel bastelt, besitzt dieser, wie bereits erwähnt, eine *Außen-* und eine *Innen*seite. Nehmen Sie nun das Ende A und biegen ihn so, wie es in Abbildung 2 zu sehen ist. Bitte reißen Sie ihn nicht ein, sondern drehen lediglich eines der Enden um 180 Grad.

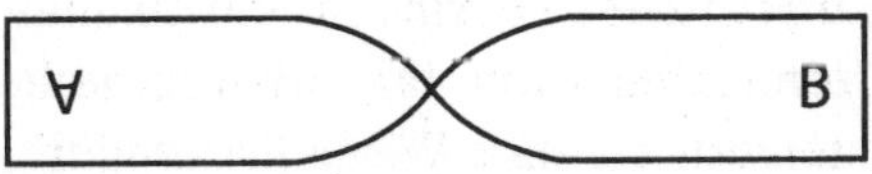


*Abbildung 2*

Wenn Sie dies haben, kleben Sie bitte die Enden in genau dieser Position zusammen, wie in Abbildung 3 dargestellt. Man verbindet also den Gürtel, jedoch ist eines der Enden dabei verdreht.

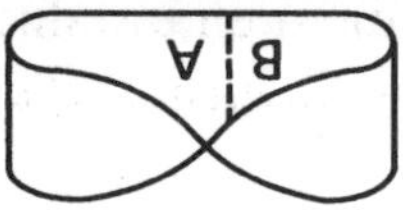

*Abbildung 3*

Nun haben wir keinen Gürtel im klassischen Sinne mehr vor uns. Die Oberfläche ist anders. Sie lässt sich nicht begradigen, außer man würde sie zerreißen. Versuchen wir, bei dieser neuen Oberfläche das Innen und Außen festzustellen. Probieren Sie es einmal selbst, sehen Sie nach, *welche der beiden Seiten die Innen- und welche die Außenseite ist.*
Glauben Sie mir, der besondere Reiz besteht hier darin, selbst auf ein Ergebnis zu kommen. Natürlich darf man auch gleich weiterlesen, aber warum sollte man sich des Vergnügens berauben, selbst zu forschen, ohne sofort die Lösung nachzusehen?

Nun weiter im Text: Wir treffen also auf den Fall, dass die neue Oberfläche nicht wie ein Gürtel zwei Seiten aufweist, sondern nur eine! Es handelt sich hierbei um eine äußerst bemerkenswerte Tatsache und unser neues Band ist als *Möbiusband* bekannt. Diese Fläche wurde im Jahr 1858 durch den deutschen Mathematiker und Astronomen August Ferndinand Möbius entdeckt (wobei man den Tschechen Benedict Listing ebenfalls erwähnen muss, da verschiedentlich angenommen wird, dass er zuerst darüber schrieb, jedoch erst später veröffentlichte).
Möbius studierte bei Gauß (einem der größten Mathematiker der Geschichte) und zeichnete sich durch Leistungen auf einem – damals – noch sehr jungen Gebiet der Mathematik aus, der *Topologie*. Gemeinsam mit Rie-

mann und Lobatschewski gelang ihnen eine wahrhafte Revolution der Geometrie, die man die *nichteuklidische* Geometrie nannte.

Bevor es weitergeht: Ich kann mir vorstellen, dass Sie sich gerade fragen, wozu ein solches Band nützlich ist … Es sieht wie ein Spiel aus, aber bitte haben Sie noch einen Augenblick Geduld und nehmen Sie es noch einmal zur Hand. Ergreifen Sie den Bleistift oder Textmarker und beginnen Sie damit eine *Linie* in eine Richtung zu ziehen, das heißt das ganze Band in Längsrichtung zu bemalen. Wenn man dies mit Geduld und Vorsicht erledigt, stellt man fest, dass man, ohne den Stift abzusetzen, wieder zum Ausgangspunkt zurückkommt und dabei die *vermeintlichen* beiden Seiten durchlaufen hat. Dies ist bei einem Gürtel (oder etwas Ähnlichem) unmöglich, bei einem Möbiusband hingegen kann man es, vielmehr Sie können es!

Streichen Sie nun mit dem Zeigefinger der linken oder der rechten Hand über den Rand des Bandes. Würde man dies bei einem Gürtel beispielsweise auf dem *oberen* Bereich tun, würde man einmal komplett herumkommen und zum Ausgangspunkt zurückkehren, aber natürlich nicht den unteren Rand berühren. Bei einem Möbiusband ist hingegen genau dies der Fall: Entgegen unserer Intuition besitzt es nur eine einzige Seite und einen einzigen Rand. *Es gibt weder innen noch außen, weder unten noch oben.* Bei den Mathematikern gehört es zu den sogenannten *nicht-orientierbaren Flächen.*

Gehen wir noch ein Stückchen weiter. Nehmen Sie nun die Schere zur Hand und schneiden Sie das Band in der Mitte längs durch, wie in Abbildung 4 dargestellt. Was geschieht? Was finden Sie nun vor? Wenn Sie keine Schere dahaben, machen Sie es im Geiste und berichten mir von Ihrer Entdeckung.

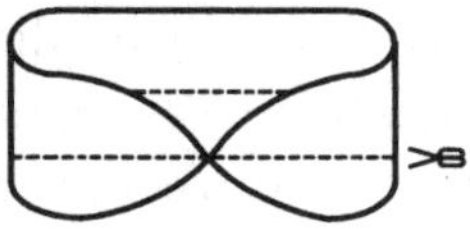

Abbildung 4

Statt sich in zwei Bänder zu teilen, bleibt ein einziges, aber *es handelt sich nun nicht mehr um eine Möbiusschleife*; wir erhalten einen ganz normalen Gürtel, der länger als der ursprüngliche ist, mit zwei Seiten und zwei Rändern, *der jedoch zweifach verdrillt ist.* Und wenn man sie noch einmal in der Mitte durchschneidet, erhält man zwei Bänder, die ineinander verschlungen sind. Und falls Sie Lust haben weiterzuexperimentieren, machen Sie wieder einen Längsschnitt, aber diesmal nicht in der Mitte, sondern etwa *ein Drittel* vom Rand des Möbiusbandes entfernt, und sehen Sie, was dann passiert.

## Einige Anwendungen

In manchen Flughäfen gibt es bereits Möbiusschleifen für die Bänder, die Gepäck oder Fracht transportieren. Dies sichert eine gleichmäßige und regelmäßige Belastung der beiden Seiten, auch wenn wir ja jetzt wissen, dass wir bei dieser Art von Fläche nicht *im Plural, sondern im Singular* sprechen müssen: *Es gibt nur eine einzige Seite!* Jedoch ist die Auslastung ebenso wie die Leistung die doppelte und die Abnutzung reduziert sich auf die Hälfte. Das heißt: Diese Art von Band besitzt eine

doppelt so lange Lebensdauer wie die üblichen. Aus denselben Gründen werden sie auch von großen Transport- und Postunternehmen eingesetzt.
Eine weitere Anwendung: Bei Audiokassetten, die in gewöhnlichen Recordern verwendet werden, aber eine Art *loop* oder Schleife bilden, ist das Band wie ein Möbiusband eingerollt. Bei diesen kann man auf beiden »Seiten« aufnehmen, so dass die Kapazität natürlich besser ausgenutzt wird.
Bei manchen Druckern, die mit Tinte arbeiten, oder alten Schreibmaschinen ist das Band in der Patrone wie ein Möbiusband geformt. Auf diese Weise wird wie bei den vorhergehenden Beispielen die Lebensdauer verdoppelt.
In den 60er Jahren benutzten die Laboratorios Sandi Möbiusschleifen, um bestimmte elektronische Komponenten herzustellen.
In der Kunst würde man die Verwendung von Möbiusbändern vor allem bei M. C. Escher (1898–1972) vermuten, dem unglaublichen und revolutionären holländischen Graphiker und Künstler, der die Welt mit seinen Zeichnungen, Lithographien und Wandbildern bewegte, um nur einige Aspekte seines Werks zu nennen. Und die Ahnung täuscht einen nicht: In vielen seiner Lithographien taucht die Möbiusschleife auf, so ziehen z. B. Ameisen auf einem solchen Band ihre Kreise.
Es erscheint auch in Science-Fiction-Geschichten: Die bekanntesten sind *Der Wall der Finsternis* (*The Wall of Darkness* von Arthur Clarke) und *A Subway Named Moebius*.
Schließlich noch eine weitere Kuriosität: Elizabeth Zimmerman entwarf Schals, die auf dem Möbiusband basierten, und machte mit ihren Stoffen ein Vermögen.

Das Interesse für die Möbiusschleifen liegt nicht nur in den realen oder potenziellen Anwendungen begründet. Es geht auch um die Fantasie und die Entdeckung von etwas, das *jetzt* einfach und offensichtlich erscheint. Vor etwas mehr als eineinhalb Jahrhunderten war es das nicht. Und wie ich eingangs sagte, ist es entstanden, indem man *Mathematik betrieb*.

## Ein Schachbrett-Problem

Stellen wir uns ein ganz gewöhnliches Schachbrett vor, mit 64 Feldern, 32 weißen und 32 schwarzen.
Außerdem haben wir noch 32 Dominosteine.
Mit diesen lässt sich das Schachbrett bedecken, ohne dass ein Feld frei bleibt – können Sie mir folgen? Ich denke ja, aber ich bitte Sie, sich zu überlegen, wie dies funktioniert. Wenn Ihnen nichts einfällt (was mir gewiss wenig wahrscheinlich erscheint), legen Sie vier Dominosteine horizontal nebeneinander, bis die erste Reihe bedeckt ist. Verfahren Sie bei der zweiten Reihe ebenso und wiederholen Sie dies für alle weiteren, so dass das Schachbrett schließlich nicht mehr zu sehen ist. Man kann nämlich mit jedem Dominostein genau *zwei* Felder überlagern, unabhängig davon, ob man sie in horizontaler oder vertikaler Form legt. Soweit ein Kinderspiel.
Nehmen wir an, nun kommt ein netter Herr mit einer Schere daher und *schneidet* die beiden Felder *ab*, die sich an den Endpunkten von einer der beiden Diagonalen befinden. Was ist gemeint? Das Schachbrett besitzt zwei Diagonalen (die denen des Quadrats entsprechen). Der Herr *entfernt* die beiden Felder, die jeweils an den Enden

*einer* dieser Diagonalen zu finden sind, egal welcher. Nun weist das Schachbrett nur noch 62 Felder auf. Dies muss klar sein – ursprünglich hatten wir 64, und wenn er 2 abschneidet, bleiben 62. Da wir 32 Dominosteine besaßen und wir mit ihnen das Schachbrett mit 64 Quadraten bedecken konnten, brauchen wir jetzt nicht mehr 32 Stück, da es ja nicht mehr so viele Felder sind. Entfernen wir also einen Dominostein und begnügen uns mit 31.

Die Frage ist, ob es nun möglich ist, das Schachbrett auf irgendeine Art und Weise mit diesen 31 Steinen abzudecken. (Die Regeln bleiben gleich. Das heißt, jeder Dominostein darf jeweils horizontal oder vertikal gelegt werden.)

Es lohnt sich, über das Problem nachzudenken, vor allem, da es folgende Herausforderung beinhaltet: Wenn es möglich ist, zeigen Sie mindestens eine Form, wie es funktioniert. Wenn Sie hingegen glauben, dass es *nicht machbar ist*, müssten Sie einen Grund finden, der dies *beweist*, also ein *überzeugendes* Argument aufzeigen, dass man *immer* scheitern wird, egal, was man tut und welche Strategie man einsetzt.

## *Lösung:*

Die Antwort lautet: Nein, *es ist nicht möglich*. Gleichgültig, was man unternimmt, wie viel Zeit, Geduld und Geschick man investiert. Man wird es nie schaffen. Aber weshalb nicht?

Denken Sie mit mir über ein Argument zum Beweis nach. Auf dem Schachbrett verblieben 62 Felder – aber wenn man zwei von den Enden einer Diagonale entfernt, dann bedeutet dies, wenn Sie einmal genau darauf achten, dass dann entweder zwei schwarze oder zwei weiße Felder fehlen. Wenngleich das Schachbrett also nun 62 Quadrate besitzt, sind sie nun nicht mehr auf die gleiche Weise verteilt wie ursprünglich, als es die gleiche Anzahl an weißen und schwarzen Feldern aufwies: Es gibt jetzt entweder 32 schwarze und 30 weiße oder 32 weiße und 30 schwarze. In jedem Fall ist die Zahl weißer und schwarzer Quadrate nicht mehr gleich. Und darin besteht der Schlüssel zur Lösung.

Egal was Sie mit den Dominosteinen, sei es in vertikaler oder horizontaler Linie, auf dem Schachbrett anstellen, wird ein Stein immer ein weißes und ein schwarzes Feld bedecken. Wenn also eine Möglichkeit bestünde, die 31 Dominosteine zu verteilen, würden diese 31 weiße und 31 schwarze überlagern. Wir wissen aber, dass dies unmöglich ist, da nicht die gleiche Anzahl schwarzer und weißer Quadrate vorhanden ist. (Bedingt dadurch, dass ein Dominostein ja immer so auf dem Brett zu liegen kommt, dass darunter ein weißes und ein schwarzes Feld zu finden ist.)

Über die Lösung des Problems hinaus möchte ich Sie durch dieses Beispiel zum Nachdenken anregen: Wenn man mit brachialer Gewalt versucht, die Verteilung der Felder von Hand zu bezwingen, wird man nicht nur auf die Schwierigkeit stoßen, dass man es nicht schaffen wird, sondern wenn man sich mit Einzelversuchen aufhält und scheitert – beweist man gar nichts!

Das Argument, das ich weiter oben vorbrachte, ist hingegen überzeugend. Es geht nicht! Und niemandem wird es je gelingen, da die 31 Dominosteine die gleiche Anzahl weißer wie schwarzer Felder bedecken müssen (je-

weils 31) und das neue Schachbrett diese aber *nicht aufweist.*
Denken hilft offensichtlich. Aber wenn die Lösung Ihnen nicht eingefallen ist, macht es auch nichts. Das macht Sie weder zu einem besseren oder schlechteren Menschen. Auch nicht zu einem fähigeren oder unfähigeren. Dies alles dient allein dazu, unser Denken zu trainieren. Ein Kinderspiel, gewiss ...

## Das Truell

Stellen wir uns anstatt eines *Duells* zwischen zwei Personen ein *Truell* vor, also einen Kampf zwischen *drei* Bewaffneten. Das Truell zu gewinnen bedeutet, die anderen beiden Gegner zu eliminieren. Nennen wir die drei Personen A, B und C.
Sie stellen sich an den Scheitelpunkten eines gleichseitigen Dreiecks auf, also eines Dreiecks mit drei gleich langen Seiten, wie in Abbildung 1 dargestellt.

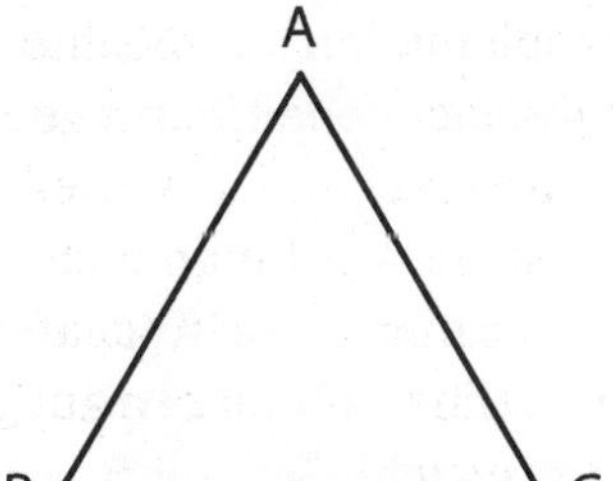


*Abbildung 1*

Man weiß, dass A in 33 Prozent (*) der Fälle trifft (in einem von drei Fällen). Bs Schuss findet in 66 Prozent der Fälle

(in zwei von drei Fällen) sein Ziel. Cs Zielgenauigkeit hingegen ist unfehlbar. Er trifft immer.
Das Truell besteht darin, dass jeder einmal schießt. A fängt an (diesen Vorteil räumen ihm die anderen ein, da er der schlechteste Schütze ist), es folgen B und schließlich C. Die aufgestellte Reihenfolge wird stets beibehalten: Erst A, dann B und zum Schluss C.
Welche Strategie ist für A die beste?
Ich bitte Sie darüber nachzudenken, wie *der Schütze* seinen ersten Schuss am besten einsetzen sollte.

*Lösung:*

Um herauszufinden, wie A bei seinem ersten Versuch sinnvollerweise vorgeht, analysieren wir die Konsequenzen, die die drei Möglichkeiten für ihn bedeuten würden:

1. Er versucht einen tödlichen Schuss auf B abzugeben
2. Er feuert gezielt auf C
3. Er schießt daneben (neben einen von beiden). (An diese Möglichkeit haben Sie vielleicht gar nicht gedacht.)

Wenn A seinen tödlichen Schuss abfeuert, sollte er natürlich C treffen, denn wenn er auf B zielt und trifft, bleiben A und C übrig, und nun darf C schießen, da B ja bereits tot ist.
Das bestmögliche Szenario entspricht also zunächst der zweiten Möglichkeit: A bringt C um, und als Gegner bleibt B übrig, der nun schießen muss. (*)

Sehen wir uns aber an, was geschieht, wenn A die dritte Option wählt. Alle drei sind noch am Leben, und der nächste Schuss gehört B.
Was sollte B tun? Er kann es sich nicht erlauben, wie A danebenzuschießen, denn er weiß, wenn er C nicht tötet, wird C beim nächsten Schuss versuchen, denjenigen umzubringen, der in der nächsten Runde die größten Chancen hat (also B). B darf also nicht verschießen. Er muss versuchen, C zur Strecke zu bringen.
Wenn B C tötet, bleiben A und B übrig, aber A hat wieder den ersten Schuss. (**) Falls B *C nicht umbringt,* sind wieder alle drei im Spiel, aber nun ist C an der Reihe, der immer trifft und B erschießen muss, da er denjenigen töten muss, der das größte Risiko für ihn selbst darstellt.
➔ **Fazit:** C tötet B, und am Leben bleiben A und C, aber A darf wieder als Erster schießen (***).
Wenn man (*), (**) und (***) berücksichtigt, ist es für A am besten, beim ersten Schuss danebenzutreffen.[19]

## Das »Zahlenspielchen«

Als ich klein war, brachte mir mein Vater ein sehr unterhaltsames Spiel bei. Wir haben es sehr oft gespielt und uns die Zeit mit diesem Denksport vertrieben. Später (nachdem mein geliebter Vater verstorben war) habe ich es nur noch mit ein paar Leuten und Freunden gespielt.

**19** Tatsächlich entspricht eine Trefferquote von 1 zu 3 *nicht* genau 33 Prozent, genauso wenig wie 2 von 3 *nicht* exakt 66 Prozent sind. Für unser Beispiel habe ich die Zahlen *gerundet*, und ich hoffe, dass der Leser diese Annäherung *großzügig* akzeptiert.

Am meisten begeisterte es Víctor Hugo (Morales). Auf unseren unendlichen Flugreisen und langen Wartezeiten in Hotels, Flughäfen, während der Weltmeisterschaften und sogar auf Autofahrten haben wir es unzählige Male gespielt. Das Spiel geht so: Jeder Teilnehmer wählt vier der zehn möglichen Ziffern, wobei sich keine wiederholen darf, und schreibt sie auf ein Blatt Papier. Die Reihenfolge ist dabei wichtig. Es ist also nicht dasselbe, ob man

1 2 3 4

schreibt oder

4 1 3 2

Die Zahlen sind zwar gleich, sie unterscheiden sich aber durch die Stelle, an der sie stehen. Sagen wir, ich wähle die Zahlen

1 4 2 5

und notiere sie mir. Der andere Spieler entscheidet sich für die Zahlen

0 7 2 6

(die Zahlen des anderen kennen wir nicht).
Ziel des Spiels ist es, die Zahl (oder das »Nümmerchen«, wie mein Vater sie für gewöhnlich nannte) des anderen herauszufinden.
Einer beginnt (es wird sich noch zeigen, dass der Vorteil, anzufangen, für den anderen wieder ausgeglichen wird).

Er rät eine Zahl mit vier Ziffern, die der andere vielleicht haben könnte.
Trifft man gleich zu Beginn ins Schwarze, hört man natürlich sofort mit dem Spiel auf und setzt sich in den Flieger nach Las Vegas und Montecarlo. Nachdem man beide Städte aufgekauft hat, kehrt man als Herrscher des Universums in sein Heimatland zurück. Dafür muss man nur zeigen, dass man jedes Mal die Zahl errät, die der andere sich ausgesucht hat.
Scherz beiseite, man muss eben mit irgendeiner Ziffernfolge beginnen und es einfach versuchen.
Sagen wir, mein Gegner fängt an und sagt:

8 4 7 2

Da meine Zahl die 1 4 2 5 ist, sage ich ihm, dass er eine Ziffer *richtig* und eine *ungefähr* erraten habe.
Wie ist dies zu verstehen? Im Falle der 4 hat er nicht nur die richtige Zahl, sondern auch die korrekte Position erraten, da er sie an zweiter Stelle genannt hat. Damit hat er einen Treffer gelandet, wenn ich ihm auch nicht verrate welche der Zahlen richtig ist. Ich antworte einfach nur »richtig«.
Welche Zahl ist *ungefähr* richtig? Mit seinem Versuch 8 4 7 2 hat er auch die Zahl 2 erraten, die ich ausgewählt hatte, aber hier täuschte er sich in der Position: Während die 2 bei mir an zweiter Stelle steht, hat mein Gegner sie an die vierte Position gestellt.
Jetzt bin ich an der Reihe. Ich mache es genauso und versuche, die Ziffern des Gegners zu erraten. Das Spiel geht so lange weiter, bis es einem von beiden gelingt, die Zahl des anderen zu ermitteln. Errät der Spielteilnehmer, der

das Spiel begonnen hat, die Zahl als Erstes, hat der andere noch einen Schuss frei, damit beide die gleiche Anzahl an Versuchen haben. Wenn es hingegen dem Zweiten als Erstes gelingt, endet das Spiel hier.
Das Problem ist wirklich spannend und bietet eine Vielfalt an alternativen Denkmöglichkeiten. Es ist nicht leicht, aber auch nicht schwer und dient als geistiges Training. Probieren Sie es doch mal aus.

Noch ein paar einfache Hinweise, um Unklarheiten bezüglich des richtigen Ablaufs zu vermeiden:

a) Wenn jemand eine Zahl nennt und bei keiner der Ziffern richtig liegt, lautet die Antwort des anderen: »Alle falsch.« Auch wenn man es anfangs nicht glaubt, ist so ein Start durchaus von Vorteil, da man auf diese Weise immerhin gleich vier von zehn möglichen Ziffern ausschließen kann.

b) Manchmal gelingt es einem, die Möglichkeiten auf zwei denkbare Zahlen zu reduzieren, sagen wir zum Beispiel 1 4 2 5 und 1 4 2 9. Víctor Hugo hat mich im Laufe der Zeit davon überzeugt, dass man normalerweise gewinnt, wenn man es einmal so weit geschafft hat, außer der andere hat keine Alternativen mehr und muss beim nächsten Versuch ins Schwarze treffen.

Wie Sie sehen, legt man selbst die Regeln fest. Und bisher sind beim Gerichtshof von Den Haag deswegen auch noch keine Klagen eingegangen, zumindest nicht bis September 2006, als ich es zum letzten Mal überprüft habe.

## Aufeinanderfolgende natürliche Zahlen

Da es in Mode gekommen ist, über Spieltheorie zu sprechen[20], lohnt es sich, einige ihrer reizvollsten und charakteristischen Probleme vorzustellen. Das Folgende bietet eine präzise und subtile Herausforderung, und es ist sehr interessant, sich damit gedanklich zu beschäftigen.[21]
Stellen wir uns zwei Personen vor, die folgendes Spiel spielen: Jedem wird eine natürliche Zahl auf die Stirn geschrieben (wir wissen ja bereits, dass die Zahlen 1, 2, 3, 4, 5 … *natürliche* Zahlen heißen). Die Besonderheit dabei ist, dass es sich um *aufeinanderfolgende* Zahlen handelt,

**20** Die Gewinner des Nobelpreises für Wirtschaftswissenschaften des Jahres 2005, der Israeli Robert J. Aumann und der Nordamerikaner Thomas C. Schelling, verdankten ihn ihren Beiträgen zur Spieltheorie. Die Schwedische Akademie selbst, die über die Vergabe der Auszeichnung entscheidet, stellte fest: »Warum sind manche Personengruppen, Organisationen oder Länder erfolgreich, wenn es darum geht, Kooperationen zu fördern, und andere scheitern und geraten darüber in Konflikte?
Sowohl Aumann also auch Schelling benutzten in ihren Werken die Spieltheorie, um ökonomische Konflikte wie Preiskämpfe zu erklären oder Konfliktsituationen, die – einige von ihnen – in den Krieg führen.«
Schelling erklärte, er kenne seinen Mitgewinner nicht persönlich, aber während »er sich damit beschäftige, *Fortschritte* in der Spieltheorie zu *erzielen*, bin ich derjenige, der aus seiner Tätigkeit Nutzen zieht, um diese in meiner Arbeit anzuwenden. Das heißt, ich setze seine Entwicklungen ein.«

**21** Von diesem Problem berichtete mir Ariel Arbiser, ein begeisterter Anhänger der Spieltheorie, der Logik und von allem, was damit zusammenhängt. Ariel erzählte mir, dass er davon in einem Kurs im Aufbaustudium gehört habe (»Überlegungen zum Wissen«), den der indischstämmige Professor Rohit Parikh der City University von New York abhielt. Parikh setzte (unter anderem) dieses Beispiel ein, um Autoreferenz-Probleme des Wissens zu illustrieren, indem er sogar auf *nichtklassische Logiksysteme* zurückgriff.

z.B. die 14 und 15, 173 und 174 oder 399 und 400. Man teilt ihnen natürlich nicht mit, welche Zahl jeder selbst hat, aber *sie können die des anderen erkennen.* Das Spiel gewinnt derjenige, der in der Lage ist festzustellen, welche Zahl auf seiner eigenen Stirn geschrieben steht, und eine Erklärung für seine Aussage abgeben kann.
Wir nehmen an, beide Spieler argumentieren perfekt und fehlerlos, was natürlich keine geringfügige Tatsache darstellt: Das Wissen, dass beide die gleichen logischen Fähigkeiten besitzen und keine Fehler begehen, ist entscheidend für das Spiel (auch wenn es nicht so scheinen mag). Die Frage ist: Kann einer der Konkurrenten gewinnen? Ist einer von ihnen zu irgendeinem Zeitpunkt in der Lage zu erklären: *»Ich weiß, dass meine Zahl n lautet.«*?
Zum Beispiel: Wenn Sie gegen einen anderen spielen und sehen würden, dass auf seiner Stirn die Zahl 1 geschrieben stünde, würden Sie unmittelbar reagieren. Sie hätten schon gewonnen, denn Sie könnten sagen: »Ich habe die 2.« Sie könnten diese Aussage mit Sicherheit treffen, da es keine kleineren Zahlen als die 1 gibt und Ihr Gegner just diese hat, so dass Ihre Zahl *zwangsläufig* die 2 ist. Dies wäre das simpelste Beispiel. Sehen wir uns nun ein etwas komplizierteres an.
Nehmen wir an, der andere hätte die 2 auf der Stirn. Den Regeln gemäß könnte man im Grunde nichts mit Gewissheit aussagen, da es möglich ist, dass wir selbst entweder die 1 oder die 3 haben. Hier kommt jedoch noch ein anderes Argument ins Spiel. Wenn Ihr Gegner, der genauso *perfekt* ist wie Sie, genauso schnell wie Sie denkt und seine Ideen exakt genauso wie Sie entwickeln kann, bisher nichts gesagt hat, dann deshalb, weil er nicht die 1

auf Ihrer Stirn sieht. Sonst hätte er bereits ausgerufen, dass er selbst die 2 trägt. Aber da er schwieg, bedeutet dics, dass *Ihre Zahl nicht die 1 ist.* Also ziehen Sie Ihren Vorteil aus der Tatsache, dass er nichts sagt, und wagen die Aussage: *Ich habe die 3.* Und wenn man Sie fragt: »Und woher wissen Sie dies, wenn Sie sehen, dass auf seiner Stirn die 2 steht? Auf welche weiteren Argumente haben Sie sich gestützt?«, antworten Sie: »Schauen Sie, ich habe gesehen, dass er die 2 hatte, aber da er nichts sagte, bedeutet dies, dass auf meiner Stirn keine 1 stand, denn sonst hätte er sofort gewusst, wie seine Zahl lautete.« Und Punkt.

Dies heißt, in der Spieltheorie ist es nicht nur von Belang, was Sie selbst tun oder sehen, sondern es ist auch (sehr) wichtig, wie der andere handelt. Indem Sie sich das zunutze machten, was der andere tat (oder in diesem Fall was er nicht tat – was ebenfalls eine Art von Handeln ist), konnten Sie Ihre Zahl erschließen.

Gehen wir noch einen Schritt weiter. Wenn Sie sähen, dass der andere die 3 auf der Stirn hat, dann würde dies bedeuten, dass Sie entweder die 2 oder die 4 tragen. Aber wenn Sie die 2 hätten und Ihr Gegner diese sähe, Sie jedoch nicht umgehend eine Aussage träfen, dann würde ihm dies einen Hinweis geben, dass er nicht die 1 hat. Ihr Rivale würde erklären: *»Meine Zahl ist die 3.«* Und dies ist der Punkt. Da Ihr Gegner schwieg, bedeutet dies, dass Sie nicht die 2 haben, sondern die 4. Und Sie rufen schnell aus: *»Ich habe die 4.«* Und gewinnen.

Nach diesem Muster könnte man noch weitergehen und immer größere Zahlen verwenden. Könnte dann irgendeiner gewinnen? Die Frage ist nach wie vor offen.

Diese Art von Argumenten (*induktiv* genannt) verlangen koordinierte, feine und subtile Gedankengänge, die jedoch alle nachvollziehbar sind, wenn man sich *nicht* im Dickicht der Worte verirrt. Ich schlage Ihnen daher vor, darüber noch ein unterhaltsames Weilchen selbst nachzudenken.

Auch wenn es nicht so aussieht, so bedeutet all dies *auch*, Mathematik zu betreiben. Die Diskussion kreist darum, wie schnell die Spieler nachdenken und wie lange man warten sollte, bis man seine Zahl ausruft oder eine Aussage trifft, die auf dem basiert, was der andere nicht gesagt oder nicht erklärt hat.

Man könnte annehmen, dass es sich bei dem hier beschriebenen Vorgang um ein Paradox handelte, da es möglich erscheint, dass man die eigene Zahl erschließen kann, obwohl man nur weiß, welche Zahl der andere hat und dass beide Teilnehmer aufeinanderfolgende Zahlen besitzen. Das Interessante daran ist, dass man über mehr Informationen verfügt, als einem zu Beginn klar ist. Das Schweigen des anderen oder die Zeit, die verstreicht, während der andere nicht das sagt, was er beim Anblick Ihrer Zahl sagen müsste, geben Ihnen zusätzliche Hinweise. In gewisser Hinsicht ist es auch bemerkenswert, wie sich die Wahrnehmung im Lauf der Zeit verändert. Man müsste auch im wirklichen Leben diese Art von Logik einsetzen, die nicht nur darauf basiert, was man *selbst* erkennt, sondern ebenso darauf, was *der andere tut (oder nicht tut)*.

## Das Königsberger Brückenproblem

Die Mathematik hat eine schlechte Presse. Daran ist nicht zu rütteln. Ich möchte eine Kampagne starten, um ihre Wahrnehmung zu verändern. Für mich wäre es schön, wenn wir ihr eine zweite Chance geben würden.

Derzeit sind schon die Kinder »vorgeprägt«: Mathematik ist langweilig, anstrengend, schwierig ... Oder auf jeden Fall verhält es sich so, wenn wir in unserem Unterricht weitermachen wie bisher. Es ist klar, dass wir Lehrer in unserem Bemühen, sie zu weiterzugeben und zu vermitteln, gescheitert sind. Das Ziel dieses Buches ist es, zu versuchen, das Bild zurechtzurücken und andere Blickwinkel aufzuzeigen, auf andere »Art« Mathematik zu betreiben als die »klassische« an den Schulen.

Es wäre interessant, sich ihr anzunähern, ohne Antworten auf Fragen zu geben, die man sich *nicht* gestellt hat, sondern umgekehrt: indem man Probleme aufzeigt, Spaß am Nachdenken hat und sogar an der Frustration, wenn man diese *nicht* lösen kann, aber sich ihnen auf verschiedene Art und Weise annähert, so dass sie auf jeden Fall neue Fragen aufwerfen, neue Vermutungen, neue Herausforderungen, bis man die verborgene Schönheit daran entdeckt.

Ich möchte Ihnen ein Problem vorstellen, das man naiv nennen könnte. Die Aufgabenstellung ist sehr einfach und man kann sich sofort daransetzen und darüber nachdenken. Aber halten Sie dem Frust eine Weile stand, wenn Sie es nicht lösen können. Widmen Sie ihm eine vernünftige Zeitspanne, sagen wir zwanzig Minuten. Wenn Sie noch länger Spaß daran haben, gerne. Wenn nicht, dürfen Sie gleich die Antwort nachlesen, auch wenn es schade ist, da dann der Spaß daran verloren geht nachzudenken, zu zweifeln, frustriert zu sein, sich zu ärgern, es noch einmal zu versuchen … Man beraubt sich des Genusses, aber das ist Ihre Entscheidung. Die Lösung findet man weiter unten, ebenso wie ein Fazit, was es bedeutet, Mathematik zu *betreiben*.

Wir begeben uns nun in die Mitte des 18. Jahrhunderts nach Königsberg, eine preußische Stadt (die später zu Kaliningrad im heutigen Russland wurde), die von einem Fluss, dem Pregel, durchquert wird. In dem Fluß befinden sich zwei Inseln und die Gründer erbauten *sieben Brücken*, um über die eine oder die andere Insel vom einen Ufer zum anderen zu gelangen. Die Verteilung ist in Grafik 1 abgebildet. Es gibt vier Landzonen A, B, C und D sowie sieben Brücken, die mit 1 bis 7 nummeriert sind.

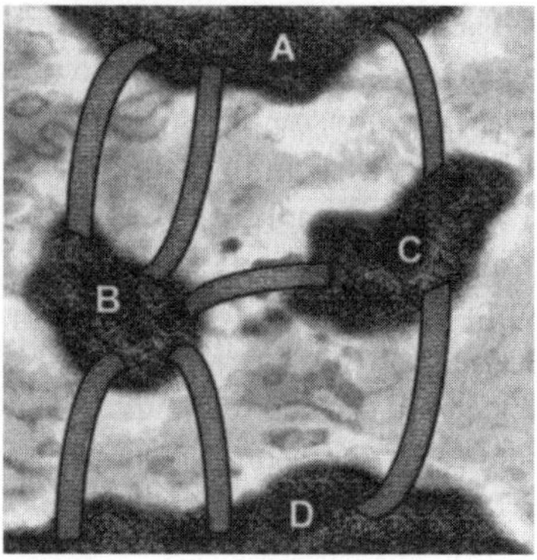


*Grafik 1*

Nun stellt sich folgende Frage: Kann man – von einem beliebigen Ausgangspunkt aus – alle sieben Brücken überqueren, ohne zweimal über die gleiche zu gehen? Ist es also möglich, an einem bestimmten Ort (also auch auf einer der beiden Inseln) loszugehen und von dort aus alle sieben Brücken zu passieren, ohne eine doppelt zu nehmen?

Natürlich bin ich versucht, die Antwort sofort niederzuschreiben, und der Leser, die Antwort nachzulesen, ohne länger als eine Minute darüber nachzudenken. Und wenn Sie es doch allein probieren? Vielleicht macht es ja Spaß und Sie schätzen die Herausforderung, auch wenn es am Anfang (oder »am Ende«) nicht klappt. Es ist nur ein Vorschlag ...

*Lösung:*

Das Problem hat keine Lösung. Ich weiß nicht, wie viel Zeit Sie investiert hatten, aber im Folgenden werde ich versuchen zu erklären, warum es keine Möglichkeit gibt, über alle sieben Brücken zu gehen, ohne eine zweimal zu benutzen. Aber vorher sollten wir uns noch mit einer kurzen Geschichte beschäftigen. Bitte sehen Sie sich die Grafik 2 an:

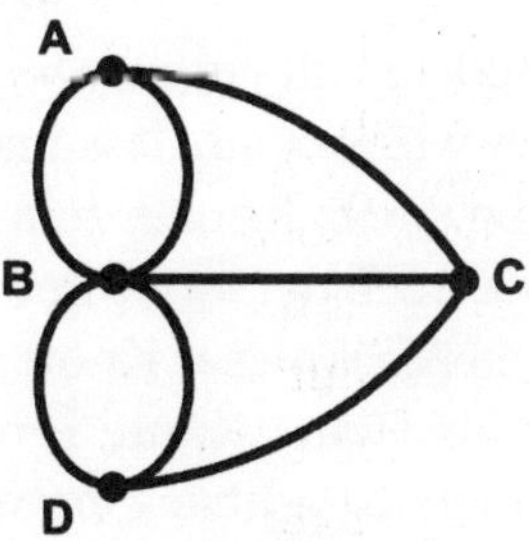


*Grafik 2*

Können Sie dies mit dem genannten Problem in Verbindung bringen? Hier gibt es natürlich weder Inseln noch Brücken. Es gibt nur Punkte oder Knoten, die die Rolle der Landzonen in der ursprünglichen Grafik übernehmen, und die Bögen oder sogenannten Kanten, die sie verbinden, stellen die Brücken dar. Wie man sieht, ändert sich dadurch das Problem nicht. Die Zeichnung sieht natürlich etwas anders aus, aber im Prinzip bleibt alles gleich. Wie würde man das Problem nun formulieren? Man könnte es folgendermaßen versuchen: »Lässt sich Grafik 2 von irgendeinem Punkt oder Knoten aus umrunden, ohne den Bleistift abzusetzen und ohne zweimal über dieselbe Strecke zu fahren?« Wenn man einen Augenblick darüber nachdenkt, wird einem klar, dass es keinen prinzipiellen Unterschied gibt. Wenn wir dies verstanden haben, überlegen wir gemeinsam, warum dies *nicht möglich ist.*
Zählen wir die Zahl der Kanten, die von jedem Knoten ausgehen (bzw. hineinlaufen).

Knoten A besitzt drei benachbarte Kanten.
Knoten B besitzt fünf benachbarte Kanten.
Knoten C besitzt drei benachbarte Kanten.
Knoten D besitzt drei benachbarte Kanten.

Das heißt, es handelt sich in jedem Fall um eine *ungerade* Anzahl von Kanten. Nehmen wir nun an, dass man sich von irgendeinem Punkt aus von einem Knoten zum nächsten begibt, der weder der erste noch der letzte des Rundwegs ist. Aufgrund der Tatsache, dass dieser Knoten nicht der erste ist, muss man ihn über eine Kante erreichen und – da er auch nicht der letzte ist – über eine weitere Kante wieder verlassen können.

Welches Fazit ergibt sich daraus? Eine mögliche Schlussfolgerung lautet: Wenn man auf seinem Weg zu irgendeinem Knoten *gelangt*, der weder der erste noch der letzte ist, dann muss die Zahl der Kanten, die daraus entspringen (oder hineinlaufen) *gerade* sein, da man ihn über die eine *erreichen* und über die andere wieder *verlassen* muss. Wenn dem so ist: Wie viele Knoten können prinzipiell eine *ungerade* Anzahl benachbarter Kanten besitzen?
(Denken Sie bitte über die Antwort nach ... natürlich nur, wenn Sie möchten.)

Die Antwort lautet, dass es nur *zwei* Knoten gibt, die dafür in Frage kommen, und dies sind der *erste* (derjenige, bei dem man seinen Weg beginnt) und der *letzte* (derjenige, den man sich als Ende der Route ausgesucht hat). Da wir wissen (wie weiter oben gezeigt), dass alle Knoten eine *ungerade* Anzahl benachbarter Kanten besitzen, ist klar, dass es für das Problem *keine Lösung gibt*, denn wir haben gesehen, dass dies bei maximal *zwei* Knoten der Fall sein darf. Bei unserem Problem, den Brücken von Königsberg, war dies jedoch bei allen gegeben.

### *Einige abschließende Beobachtungen*

a) Ein Modell zu entwickeln, das das ursprüngliche Problem (die sieben Brücken) in eine Grafik (Nr. 2) verwandelt, *heißt, Mathematik zu betreiben*.

b) Dieses Problem gehörte zu denjenigen, die einen neuen Zweig der Mathematik hervorbrachten, die sogenannte *Graphentheorie*. Und gleichermaßen die Topologie. Anfangs hieß die *Graphentheorie* auch *Geometrie der Lage*. Das Beispiel der Königsberger Brücken demonstriert, dass es weder um Größen noch Formen geht, sondern um die relative Position der Objekte.

c) Das Problem ist schlicht, aber die Analyse, warum es keine Lösung gibt, verlangt einige Überlegung. Der Erste, der es durchdachte und löste (nachdem viele daran gescheitert waren), war ein Schweizer, Leonhard Euler (1707–1783), einer der größten Mathematiker der Geschichte. Er kam auf den Beweis des Theorems, das zeigt, dass man niemals Erfolg haben wird, egal welchen Weg man nimmt. Zu verstehen, dass ein Theorem notwendig ist, das etwas im Allgemeinen für eine Grafik (oder eine Zeichnung) beweist, bedeutet ebenfalls, *Mathematik zu betreiben*. Es ist klar, dass man sich fragt, wann man einen Weg finden kann und wann nicht, sobald man auf ein Problem dieser Art gestoßen ist (siehe auch weiter unten). Euler gab darauf eine Antwort.

d) Im täglichen Leben existieren Beispiele für Graphen an verschiedenen Orten, aber ein typischer Fall sind die »Modelle«, die in allen Großstädten der Welt gebräuchlich sind, um die Verteilung der U-Bahn-Stationen und der zugehörigen Linien anzuzeigen. Hier geht es nicht um die Entfernungen, sondern die relative Lage. Die Stationen stellen die *Knoten* dar und die *Kanten* sind die Routen, die die Bahnhöfe verbinden.

e) Weiter unten sind einige Graphen abgebildet; bitte entscheiden Sie, ob man sie nachzeichnen kann, ohne den Stift abzusetzen und ohne zweimal über dieselben Kante zu fahren. Wenn es möglich ist, finden Sie bitte die passende Route. Wenn *nicht*, geben Sie bitte eine Erklärung dazu.

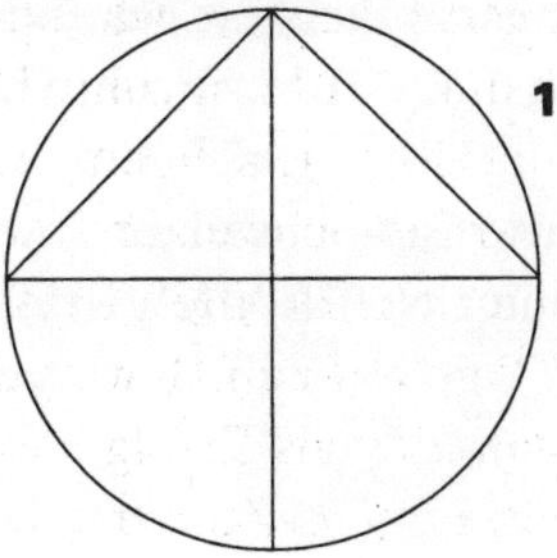

**1**

**2**

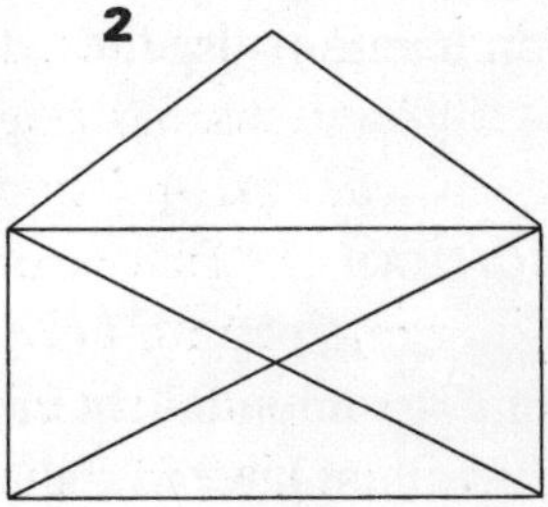

**3**

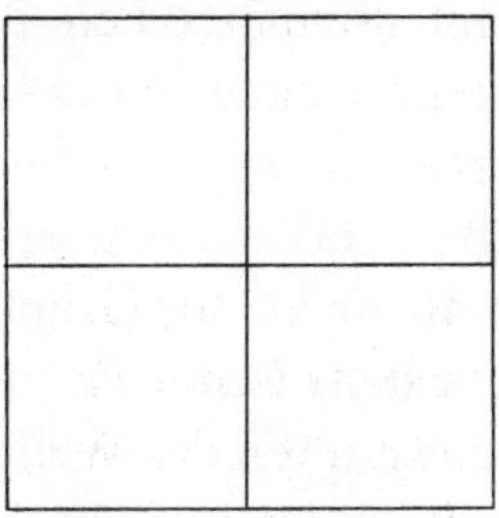

**4**

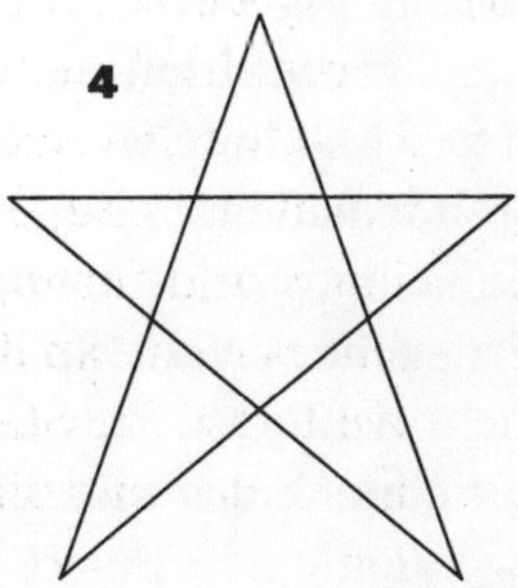

*Lösungen:*

Bei Zeichnung 1 gibt es eine Lösung, weil von allen Knoten eine GERADE Anzahl von Kanten ausgeht.
Zeichnung 2 lässt sich ebenfalls lösen, da nur zwei Knotenpunkte vorhanden sind, von denen eine UNGERADE Zahl von Kanten entspringt.
Bei Zeichnung 3 ist keine Lösungsmöglichkeit gegeben, da es vier Knoten mit einer UNGERADEN Anzahl von Kanten gibt.
Für Zeichnung 4 lässt sich ein Weg finden, weil nur zwei Knoten existieren, von denen eine UNGERADE Anzahl von Kanten ausgeht.

## Nordpol

Im Folgenden möchte ich ein sehr interessantes Problem vorstellen. Ich bin sicher, dass viele schon davon gehört haben und (natürlich zu Recht) annehmen, dass sie die Frage sofort beantworten können. Trotzdem bitte ich auch diesen Personenkreis weiterzulesen, denn man wird überrascht feststellen, dass es außer der »klassischen« Lösung noch viele andere gibt, an die Sie vielleicht noch nicht gedacht hatten. Und wer von dem Problem zum ersten Mal hört, wird daran sicherlich ein Weilchen seine Freude haben.
Zunächst möchte ich die Annahme voranstellen, dass die Erde eine *perfekte* Sphäre darstellt, was – offensichtlich – nicht richtig ist, aber im Rahmen dieses Problems gehen wir einfach davon aus. Die Frage ist nun folgende: Gibt es irgendeinen Punkt auf der Erde, von dem aus man

einen Kilometer nach Süden, einen Kilometer nach Osten sowie einen Kilometer nach Norden gehen kann und sich dann *wieder* am Ausgangspunkt *befindet*?
Sicherheitshalber noch folgender Hinweis: Da ich die Antwort im nächsten Absatz geben werde, ist nun der Augenblick gekommen, innezuhalten und darüber nachzudenken, falls Sie sich bisher nie mit dem Problem beschäftigt haben sollten; bitte *lesen Sie noch nicht* weiter. Danke. Machen Sie weiter, wann Sie möchten, es gibt noch mehr Neues …
Für diejenigen, die *bereits* von diesem Problem gehört haben, liegt die Lösung auf der Hand. Man muss sich nur zum Nordpol begeben, einen Kilometer in eine beliebige Richtung gehen (zwangsläufig ist dies der Süden), dann einen Kilometer nach Osten wandern (damit bewegt man sich auf einer Parallele zum Äquator) und schließlich – indem man sich wieder nach Norden orientiert – läuft man ein Stück den Meridian entlang und erreicht erneut den Nordpol, den Ausgangspunkt der Route.
Soweit nichts Neues. Die Neuigkeit besteht darin, dass diese Antwort, die die alleingültige zu sein scheint, es mitnichten ist. Noch mehr: *Es gibt unendlich viele Lösungen.* Kann ich Sie dazu ermuntern, über die Begründung dafür nachzudenken?
Wie immer bitte ich Sie, nicht weiterzulesen, ohne sich selbst Gedanken gemacht zu haben, denn der Reiz des Ganzen besteht ja gerade darin, sich an einem Problem zu erfreuen. Wenn man sich darauf beschränkt, die Aufgabe und die Lösung hintereinander weg zu lesen, ist es genauso, als ob man in einen spannenden Film ginge – bei heller Beleuchtung, man weiß schon, wer der Mörder ist, oder sieht ihn zum zweiten Mal. Was hätte man davon?

Bevor wir uns der Lösung zuwenden, möchte ich zunächst einige Begriffe klären. Wenn man davon ausgeht, dass die Erde eine perfekte Sphäre bildet, stellt jeder Kreis, den man auf ihr zeichnen könnte und der gleichzeitig den Nord- und den Südpol kreuzt, den *maximalen Umfang* dar. Von diesen Kreisen existieren demnach *unendlich viele*. Aber *es sind nicht die einzigen*, das heißt, es gibt andere Kreise, die man auf der Oberfläche der Erde zeichnen kann, die ebenfalls den maximalen Umfang bilden, aber die weder den Nord- noch den Südpol berühren. Denken Sie beispielsweise an den Äquator.
Stellen Sie sich nun einen Fußball vor. Man könnte darauf *einen* Südpol und *einen* Nordpol identifizieren und an diesen maximale Kreisumfänge einzeichnen. Dreht man aber den Ball, ist es möglich, einen neuen Nord- und einen neuen Südpol zu schaffen und somit weitere maximale Kreisumfänge aufzumalen.
Man kann sich auch einen Tennisball mit Gummibändern vorstellen. Jedem ist klar, dass es viele verschiedene Möglichkeiten gibt, einen Gummi um den Ball zu wickeln. Jedes Mal, wenn dieser den Ball (bzw. die Erde) ganz umfängt, handelt es sich bei dieser Strecke um einen maximalen Kreisumfang.
Nun wollen wir uns an den Südpol stellen. Je weiter man sich nach Norden bewegt, desto größer wird die Länge der Parallelen (zum Äquator). Die längste ist offensichtlich der Äquator selbst. Orientieren wir uns nun nach Norden, bis wir zu einer Parallele gelangen, die einen Kilometer misst (das heißt, wenn man die Erde umrundet, indem man sich auf dieser *bewegt*, legt man einen Kilometer zurück). Wandern wir nun von dieser Parallele aus auf einem maximalen Kreis einen Kilometer nach Nor-

den und stellen wir uns dort hin: Dies ist der Punkt, nach dem wir suchten. Warum? Treten wir den Beweis an. Wenn man von hier ausgeht und einen Kilometer nach Süden läuft, gelangt man zu irgendeinem Punkt der Parallele, die einen Kilometer lang war, wenn man sie ganz umrundet. Wenn wir uns hier einen Kilometer nach Osten bewegen, werden wir eine komplette Runde gedreht haben und wieder zum Ausgangspunkt zurückgelangen. Wenn wir also von dort aus einen Kilometer nach Norden gehen, kommen wir zu unserem ursprünglichen Standort zurück.

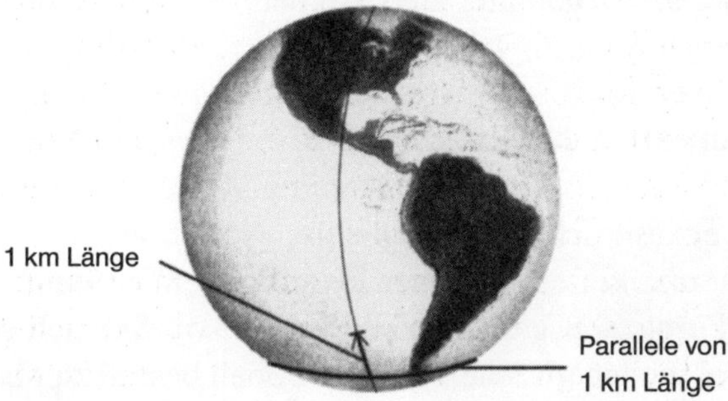


Und dies ist noch nicht alles. Es lassen sich noch viel mehr, *unendlich viele* Punkte finden. Ich möchte Ihnen einen Weg vorschlagen, wie Sie selbst den Gedanken weiterspinnen können: Denken Sie daran, dass es bei der Lösung, die ich oben geboten habe, darum ging, eine Parallele zu finden, die einen Kilometer lang sein sollte. Dadurch konnte man schließlich, indem man einen Kilometer nach Osten ging, eine komplette Wendung um 360° vollführen und damit zum Ausgangspunkt zurückkehren. Gut – was aber würde passieren, wenn man vom Südpol aus statt einer Parallele von *einem Kilometer* eine

Parallele von *einem halben Kilometer* ausmachen würde? Die Antwort lautet: Geht man genauso vor wie im vorhergehenden Fall, dann umrundet man die Erde *zweimal* und gelangt zurück zum Ausgangspunkt, indem man an dieser Parallele einen Kilometer entlangwandert. Und wie Sie sich vorstellen können, kann man diesen Vorgang unendlich weiterführen.

➜ **Fazit:** Ein Problem, für das es nur eine einzige Lösung zu geben schien, besitzt in Wirklichkeit unendlich viele. Und auch wenn es nicht so aussehen mag – dies bedeutet *ebenfalls*, Mathematik zu betreiben.

## Spielplan (à la Dubuc)

Nun erzähle ich die Geschichte, wie ein argentinischer Mathematiker ein Problem löste, bei dem es um Fußball und Fernsehen geht. Ich weiß nicht, ob Sie sich schon einmal mit einem Spielplan im Fußball beschäftigt haben, das heißt der Zusammenstellung aller Matches, die im Laufe des Jahres abgehalten werden. Ein argentinischer Standardplan besteht aus 19 Terminen, an denen 20 Mannschaften gegeneinander antreten. Außerdem sollen diese im wöchentlichen Wechsel ein Heim- und ein Auswärtsspiel bestreiten. Eine solche Aufstellung dürfte keine allzu schwere Aufgabe darstellen, oder? Ich bitte Sie aber, es einmal selbst zu versuchen, um den Schwierigkeitsgrad, der sich dahinter verbirgt, einschätzen zu können.
Dieses Problem ist (mathematisch gesehen) schon seit langer Zeit gelöst (mit dem Vorbehalt, dass die Mannschaften *ein einziges Mal zweimal hintereinander zu Hause*

*oder auswärts* antreten). Seit Fußball in Argentinien gespielt wird, war man stets in der Lage, die nötigen Vorkehrungen zu treffen, damit beispielsweise Racing und Independiente nicht am gleichen Tag ein Heimspiel austragen, ebenso wenig wie die beiden Mannschaften von Rosario, La Plata oder Santa Fe.

Aber das Fernsehen änderte alles. Als alle Spiele noch am Sonntag stattfanden (ja wirklich, auch wenn man es nicht glauben mag, früher wurden alle Matches immer am Sonntag zur selben Zeit veranstaltet, aber dies kennt nur noch die ältere Generation von Argentiniern), war alles relativ einfach. Die Fernsehübertragung der Matches brachte dann bestimmte Bedingungen mit sich: Man musste ein Spiel auswählen, das freitags gebracht wurde und bei dem eine der sogenannten »großen« Mannschaften (River, Boca, Racing, Independiente und San Lorenzo) in der Hauptstadt gegen eine der »kleinen« antrat (diese ändern sich je nach Wettbewerb, aber ich glaube, es ist klar, worum es geht).

Danach kam noch ein Match hinzu, das am Samstag gesendet wurde, wobei dies eine Übertragung aus dem Landesinneren sein (Córdoba, Rosario, La Plata, Santa Fe, Mendoza, Tucumán usw.) und eine der »großen« Mannschaften (zu dieser Gruppe ließ sich noch Vélez hinzufügen) beteiligt sein musste. Anschließend folgte ein Spiel am Montag, bei dem zwei »kleine« Clubs gegeneinander antraten. Und um die Sache weiter zu komplizieren, kamen dann die verschlüsselten Programme hinzu. Und darauf noch der »Sonntags-Klassiker«. Außerdem musste noch ein attraktives Spiel übrig bleiben, das zum ersten Mal im Programm *Fútbol de primera* am Sonntagabend zu sehen sein sollte.

Wenn man probiert, per Hand einen Spielplan auszuarbeiten (und glauben Sie mir, viele haben sich daran versucht), muss man so viel daran herumschrauben, damit all diese Bedingungen erfüllt sind, dass man schon Zweifel bekommen kann, ob ein solcher Spielplan überhaupt existiert oder möglich ist. Was tun? Damals im Januar 1995 (dies ist schon fast zwölf Jahre her) gaben die Leute der Firma Torneos y Competencias (die sich mit Sport-Übertragungen in Radio, Fernsehen sowie Printmedien beschäftigen) das Problem an mich weiter, um zu sehen, ob nicht ein Mathematiker dazu fähig sei (wie ich behauptete), der AFA (Asociación de Fútbol Argentino, argentinischer Fußballverband) einen Spielplan zu präsentieren, der alle beschriebenen Bedingungen berücksichtigte. Ich traf mich mit Carlos Ávila, dem Gründer der Firma, der ein außergewöhnlich kreativer Kopf ist, und am Ende war ihm klar, dass es das Beste wäre, jemanden zu fragen, der sich damit auskennt. Aber wen?

»Schau«, sagte ich. »An der Fakultät für Naturwissenschaften der UBA gibt es einige Mathematiker, denen ich das Problem vorlegen könnte. Sie können es bestimmt lösen.«

»Dann leg los«, antwortete er.

Und ich legte los. Tatsächlich präsentierte ich das Problem Doktor Eduardo Dubuc, der schon seit Jahren als Professor am Institut für Mathematik lehrt und einer der angesehensten Wissenschaftler im ganzen Land ist. Er hat in verschiedenen Städten in den USA, Frankreich und Kanada gelebt und wohnt schon seit einigen Jahren in Argentinien.

Er stellte mir die Fragen, die sich für jemanden, der Fußball nur als Laie verfolgt, ergeben. Er schloss die Mappe mit den zugehörigen Daten, nahm die Brille heraus, die

er immer trug, sah mich einen Augenblick lang schweigend an und fragte mich:
»Bist du sicher, dass es eine Lösung für dieses Problem gibt?«
»Ich weiß es nicht, aber wenn es sie gibt, bist du derjenige, der sie findet.«
Ein paar Tage später überreichte er mir einen Spielplan sowie einige Kommentare, die er hinzugefügt hatte. An einen erinnere ich mich besonders: »Das Problem wurde auf die bestmögliche Art und Weise gelöst.«
Ich war begeistert, fragte ihn aber:
»Eduardo, was soll das heißen, ›bestmöglich‹? Wir brauchen die *beste*, nicht die *bestmögliche* Lösung.«
»Wie wir schon an dem Tag, an dem du mit dem Problem zu mir kamst, gesehen haben, ist es unmöglich, dass an allen Terminen ein Spiel zwischen zwei *kleinen* Vereinen stattfindet, da es ja nur sechs gibt (damals waren dies Deportivo Español, Argentinos Juniors, Ferro, Platense, Lanús und Banfield). Während des gesamten Wettbewerbs werden unter ihnen 15 Matches ausgetragen. Auch wenn wir es schaffen, sie alle an verschiedenen Tagen spielen zu lassen, wird es dennoch vier Wochen geben, in denen ein Spiel für den Montag fehlt.«
Eine Selbstverständlichkeit, die jedoch bereits alles gefährdete. Denn wenn wir an dieser Stelle bereits auf eine unüberwindliche Schwierigkeit gestoßen waren – was geschähe dann erst mit dem Rest? Bedeutete dies, dass es keine Möglichkeit gab, das ganze Chaos zu ordnen, das bei den Spielplänen stets ausbrach? Dies klang nach einer Niederlage. Aber Eduardo ließ nicht locker.
»Sieh dir einfach den Spielplan, den ich dir gegeben habe, genau an und lies meine Notizen dazu.«

Und ich las seine Notizen, die ich an dieser Stelle wiedergeben möchte.

Nimm einen beliebigen Standard-Spielplan zur Hand. Wenn man zwei Mannschaften austauscht (zum Beispiel Boca statt Ferro und umgekehrt Ferro statt Boca), wird er zu einem anderen Plan (der immer noch Standard ist).[22] Auf diese Weise bekommt man verschiedene Standard-Spielpläne, und es ist festzustellen[23], dass es insgesamt

2.432.902.008.176.640.000

sind.
Diese Zahl, fast zweieinhalb Trillionen, erhält man, indem man die ersten zwanzig natürlichen Zahlen miteinander multipliziert (oder anders gesagt, indem man die Fakultät von 20 berechnet, die 20! geschrieben wird).

$$20 \cdot 19 \cdot 18 \cdot 17 \cdot ... \cdot 5 \cdot 4 \cdot 3 \cdot 2 \cdot 1$$

Wenn nur sechs Mannschaften beteiligt wären, gäbe es natürlich nur 720 mögliche Spielpläne, wobei man auf die-

**22** Wie wir oben sagten, besteht ein Standardplan aus 19 Terminen, an denen die 20 Mannschaften alle gegeneinander antreten, abwechselnd auswärts und zu Hause. Der Austausch von beispielsweise Boca und Ferro ändert daran nichts. Egal welche Mannschaften man untereinander vertauscht – die Situation bleibt die gleiche. Zwar könnten unter Umständen die anderen Bedingungen dadurch modifiziert werden, es bleibt jedoch auf jeden Fall ein Standard-Spielplan.
**23** Wir erwähnten bereits, dass die Fakultät von 20 (die sich 20! schreibt) oder allgemein die Fakultät einer natürlichen Zahl *n* (*n!* geschrieben) dazu dient, die Permutationen von *20* (oder *n*) Elementen zu berechnen.

ses Ergebnis durch Multiplikation der ersten sechs Zahlen kommt:

$$6 \cdot 5 \cdot 4 \cdot 3 \cdot 2 \cdot 1 = 720$$

Es ist möglich, dass es der Austausch zweier Mannschaften in einigen Fällen erlaubt, einen neuen Spielplan zu schaffen, der dem ursprünglichen *entspricht*, das heißt, wenn der alte gewisse Bedingungen erfüllt, tut dies der neue ebenfalls. Und was beim ersten nicht gegeben ist, ist es beim abgeleiteten auch nicht. Beispielsweise könnte man die »großen« Mannschaften, die ein Paar bildeten (da sie nicht am selben Tag ein Heimspiel bestreiten konnten, wie dies bei River und Boca oder Newell's und Central der Fall war), untereinander austauschen und das Ergebnis bliebe unverändert.
Das Gleiche gilt für die »kleinen« Mannschaften, bzw. diejenigen, die ein »Paar« im Landesinneren darstellten (wie Colón und Unión oder damals Talleres und Instituto in Córdoba).
Wenn wir uns dies vor Augen halten, dann beträgt die Anzahl *verschiedener Spielpläne* insgesamt

1.055.947.052.160.000

also fast 1.056 *Billionen*. Eine Irrsinnsmenge!

Unmittelbar drängte sich die Frage auf: Wer würde sie alle durchsehen, um festzustellen, welche geeignet waren und welche nicht? Und dabei war die entscheidende und sehr wichtige Frage: Wie lange würde man brauchen, um sie alle zu untersuchen? Betrachtet man 5.000 Spielpläne pro Sekunde (ja, *5.000 Spielpläne pro Sekunde*, was zum damaligen Zeitpunkt mithilfe eines geeigneten Programms auf den schnellsten PCs möglich war), bräuchte man fast *10.000 Jahre*.

Man musste es also anders versuchen. Die einzelnen Spiele per Hand durchzugehen, war kein geeignetes Mittel, so viel war Dubuc klar. Aber er hatte eine Idee, die zu einem sehr wichtigen Qualitätssprung in der Frage führte und schließlich auch zur Lösung.

Es gibt eine mathematische Methode, die unter dem Namen »Simulierte Abkühlung« bekannt ist, und Dubuc beschloss, es damit zu probieren. Dafür muss man zunächst die Spielpläne bewerten. Was ist damit gemeint? Nehmen Sie einen beliebigen Standard-Spielplan zur Hand. Höchstwahrscheinlich erfüllt er den Großteil der notwendigen Voraussetzungen nicht. Daher hatte Eduardo den Einfall, eine Strafe für jede Bedingung, der er nicht entsprach, einzuführen. Wenn zum Beispiel in dem ausgewählten Spielplan am ersten Spieltermin kein Freitagsspiel vorhanden war, gab es drei Strafpunkte. Für eine fehlende Begegnung im Landesinneren waren zwei Strafpunkte fällig. Und so weiter, bis der erste Termin ausgeschöpft war. Er ging dann zum zweiten über und ging im Wesentlichen alle durch, wobei diese im Verlaufe diverse Strafen anhäuften. Am Ende des Durchgangs wies dieser Spielplan eine gewisse Menge an Strafpunkten gegen sich auf.[24]

**24** In der Sprache der Mathematik definierte Eduardo also die *Straffunktion*, die als Definitionsbereich alle möglichen Spielpläne und als Wertebereich alle positiven ganzen Zahlen und die Null besitzt. Er versuchte absolute Minima dieser Funktion zu finden.

Letztendlich: Je größer also die Strafe Planes ausfiel, desto schlechter. Es ist klar, dass es Eduardos Ziel war, den oder die Spielprogramme ausfindig zu machen, die als Strafe *null* aufwiesen, also diejenigen, die *keine* der geforderten Normen missachteten. Doch gab es diese überhaupt? Hat das Problem eine Lösung?
Der Vorgang, alle Alternativen durchzugehen, war (und ist) jenseits aller Möglichkeiten, da dieser mehr als zehntausend Jahre dauern würde, der Unterschied bestand jedoch darin, dass das Problem nun *quantifiziert* war, also durch eine Straffunktion beziffert wurde, und dies ermöglichte ein mathematisches Verfahren, um diese Funktion zu minimieren.
Hier ist der Punkt, an dem die *simulierte Abkühlung* greift. Eine sehr wichtige Erklärung dazu: Sicherlich hatten diejenigen, die die simulierte Abkühlung konzipierten, benutzten oder benutzen, nicht *im Sinn*, ein Problem mit diesen Eigenschaften zu lösen. Aber die Fähigkeit eines Mathematikers beruht auch darauf zu wissen, dass es ein Werkzeug gibt, das ursprünglich nicht für diese besondere Gelegenheit entworfen worden zu sein scheint, aber das man adaptieren und damit nicht nur *nutzen* kann, sondern letztendlich auch zur Lösung führt.
In groben Zügen funktioniert das System folgendermaßen. Stellen Sie sich vor, alle möglichen Spielpläne (mehr als 1.000 Billionen) würden jeweils einzeln auf einem Blatt Papier stehen und in einem Zimmer untergebracht sein. Man geht nun mit einer Papierkralle in der Hand in den Raum voller Pläne, als ob man Blätter von einem Platz auflesen wollte. Auf jedem Blatt steht nicht nur der Spielplan, sondern außerdem noch die *Strafe*, die ihm entspricht, die, wie wir gesehen haben, vom Grad

der Abweichung von den gewünschten Bedingungen abhängig ist.

Weiter geht man folgendermaßen vor: Sobald man den Raum betritt, piekst man einen beliebigen Spielplan auf und sieht sich die zugehörige Strafe an. (Wenn man das Glück hat, sofort zu Beginn einen mit Strafe *null* zu finden, beendet man den Prozess natürlich unmittelbar, geht schnell aus dem Zimmer und kauft sich ein Lotterielos, geht ins Casino und setzt alles, was man besitzt.)

Wenn man den Spielplan aufgesammelt und die zugehörige Strafe angesehen hat, entscheidet man sich für irgendeine Richtung, in die man weitergeht. Welche, ist völlig egal. Man liest eines der benachbarten Papiere auf, und wenn die Strafe größer ist, geht man nicht in diese Richtung weiter. Wenn hingegen die Strafe bei einem gewählten Plan in der Nähe kleiner wird, dann entscheidet man sich für diesen Weg und wählt diejenigen aus, die man auf dieser Route findet, insoweit die Strafe stets geringer ausfällt.

Gelangt man irgendwann an eine Stelle, an der, egal welche Richtung man einschlägt, die Strafe stets wächst, dann ist man zu einem *lokalen Minimum* bzw. einer Art Krater gelangt.

Stellen Sie sich vor, Sie wandern auf einem Bergpfad, auf dem Ihnen die Strafpunkte die Höhe anzeigen, auf der Sie sich befinden. Plötzlich kommen Sie an einen Ort, wo es – egal wohin Sie sich bewegen – überall *bergauf geht*, obwohl Sie noch weit vom Niveau des Meeresspiegels entfernt sind. Man muss zunächst einmal hinaufklettern, um dann auf einem anderen Weg wieder weiter nach unten zu gelangen. Dies ist der entscheidende Punkt.

Die Methode der *simulierten Abkühlung* zeigt die Bewegungen an, die bergauf führen (also den Spielplan gegen einen anderen mit höherer Strafe austauschen), um aus den lokalen Minima, den Kratern, hinauszugelangen, und schließlich wieder absteigen, diesmal jedoch weiter nach unten. Sie bringt einen schließlich zu einem Ort auf der Höhe des Meeresspiegels, das heißt zur Strafe null.

Leider muss ich an dieser Stelle auf genauere Ausführungen zur Methode der *simulierten Abkühlung* an sich verzichten, aber ich möchte zumindest festhalten, dass sie zufällige Bewegungen sowie die Wahrscheinlichkeitstheorie mit einschließt und sich an der probabilistischen Analyse des Prozesses inspiriert, der abläuft, wenn das Glas bei der Herstellung von Flaschen sich langsam abkühlt (daher der Name *Abkühlung*); *simuliert* ist sie deshalb, weil dabei eine Simulation mittels Computer eingesetzt wird.

Nachdem in unserem Fall ein zufälliger Ausgangspunkt gewählt (das heißt nach Betreten des Raums ein beliebiger Standard-Spielplan als Beginn festgelegt) sowie zwischen 500.000 und einer Million Pläne innerhalb von 20 Minuten auf einem der damals gebräuchlichen PC 384 geprüft worden waren, fand das Programm, das Eduardo entworfen hatte, einen Spielplan, der das Problem löste. Auch wenn, wie wir bereits vorher wussten, die Strafe nicht null sein konnte (denn jede Spielzusammenstellung beinhaltete mindestens vier Termine ohne Match zwischen zwei kleinen Mannschaften).

Das Programm fand aber einen Plan mit der geringstmöglichen Strafe, das heißt, der 15 Termine mit einem Spiel zwischen zwei kleinen Mannschaften aufwies und sonst alle Bedingungen erfüllte. Das Kuriose in diesem

Fall war, dass das Programm, das Dubuc entworfen hatte, immer denselben Spielplan fand (abgesehen von den austauschbaren Spielen, die ich anfangs erwähnte), unabhängig davon, wie er seine Route begann, wenn er den Raum betrat.

Dies berechtigte ihn zu der Vermutung, dass der Plan, den er entdeckt hatte, *die einzige Kombination darstellte, die das Problem löste,* und dank seiner Methode war sie aufgespürt worden.[25]

Die Asociación de Fútbol Argentino (AFA) führte ihn mit dem Campeonato Apertura 1995 ein (das Turnier, zu dem Maradona nach Boca zurückkehrte, nachdem er in Europa gespielt hatte). Der Einsatz von Mathematik von hoher Komplexität ermöglichte es, ein Problem zu lösen, das bis dahin alle um den Verstand gebracht hatte. Und von Hand hätte man *zehntausend Jahre* dafür gebraucht![26]

**25** Beachten Sie, dass der Anteil der Spielpläne, der analysiert wurde, *maximal eine Million* geteilt durch 20! beträgt, das heißt 1.000.000/(2.432.902.008.176.640.000), ungefähr 0,000000000001, also 0,0000000001 Prozent der Gesamtheit aller Pläne.

**26** Die Methode der *simulierten Abkühlung* ist unglaublich wirkungsvoll und wird bei noch sehr viel komplexeren Problemen eingesetzt, z. B. wenn man die Strafen bei bestimmten Zuständen, die bei Berechnungen in der Festigkeitslehre auftauchen, minimieren will, besonders beim Bau von Strukturen wie U-Booten, Brücken oder Ähnlichem. Die Größenordnung der daran beteiligten Probleme stellt oft eine Zahl mit zwischen *tausend und zehntausend Ziffern* dar. Denken Sie daran, dass es bei dem Fall aller möglichen Spielpläne nur *sechszehn* waren.

Wir wissen, dass die Gesamtzahl der Jahre seit dem Beginn des Universums ungefähr 15 Milliarden beträgt, also 473.040.000.000.000.000 Sekunden; wenn wir zum Zeitpunkt des Big Bang damit begonnen hätten, die oben genannten Zustände mit einem Supercomputer zu untersuchen – nehmen wir an, ein Million pro Sekunde –, hätten wir bis heute

Für diejenigen, die das Problem noch detaillierter betrachten wollen, biete ich hier einige Informationen, die man damals mit berücksichtigte. Diese beziehen sich auf die Mannschaften, die an diesem Wettbewerb beteiligt waren, aber sie lassen sich natürlich auch an jegliche andere Situation adaptieren.

20 Mannschaften des Wettbewerbs der AFA
5 große Mannschaften
2 weitere Mannschaften, die zu den großen hinzugezählt werden durften (Vélez und Huracán)
6 kleine Mannschaften
7 Mannschaften aus dem Landesinneren

Das Turnier wird in zwei Runden gespielt, die derzeit auf zwei verschiedene Wettbewerbe aufgeteilt sind: Apertura und Clausura (dt. Hin- und Rückrunde). Die Mannschaften treten abwechselnd zu Hause und auswärts an, außer einem einzigen Mal, bei dem es eine Wiederholung gibt. Heim- bzw. Auswärtsspiel wird immer von einer Runde

ungefähr 473.040.000 000 analysiert, eine Zahl mit nur 12 Ziffern, ein minimaler Teil aller Möglichkeiten. Wenn man sie alle untersuchen wollte, würde dies so viele Leben des Universums dauern, dass wir dafür eine Zahl mit 80 Ziffern bräuchten. Dennoch lassen sich mithilfe der *simulierten Abkühlung* in der Praxis Zustände mit Strafen, die dem denkbaren Minimum nahe kommen, ausfindig machen. Doktor Eduardo Dubuc bekam für seine Leistung niemals eine Anerkennung, hat sich auch nie darum bemüht. Dennoch würde man ohne seine Arbeit heute noch stöhnen, weil man »per Hand« auf unfruchtbare Weise nach einer Lösung sucht, die es, spricht man von Idealzustand, nicht gibt.

zur anderen getauscht. Beide Runden entsprechen denselben Vorgaben.

*Erfüllte Bedingungen*

1. Es gab folgende Paare (Mannschaften, die niemals zur gleichen Zeit ein Heim- oder Auswärtsspiel bestreiten konnten): (River-Boca) (Racing-Independiente) (Newell's Old Boys-Rosario Central) (Talleres-Belgrano) (San Lorenzo-Huracán) (Vélez-Ferro).

2. River und Boca (die ein Paar bildeten) durften nicht zur gleichen Zeit verschlüsselt gesendet werden.

3. Verschlüsselte Spiele. Es gab stets ein Spiel, das an Freitagen ausgetragen wurde (eine »große« Mannschaft gegen eine kleine. Außerdem durfte die große Mannschaft bei diesem Match nicht im Landesinneren gegen eine dort ansässige Elf antreten. Auf der anderen Seite musste er darauf achten, dass samstags eine große Mannschaft (wobei Vélez und Huracán auch mit hinzugezählt wurden) gegen eine aus dem Landesinneren spielte.

4. Huracán und Vélez durften vom Landesinneren aus (das heißt, wenn sie auswärts spielten) nur jeweils maximal siebenmal verschlüsselt gesendet werden.

5. Zu allen Terminen gab es ein Spiel einer kleinen Mannschaft gegen eine andere kleine. Da jedoch die Menge der kleinen Mannschaften nicht ausreichte, um die An-

zahl der vorgegebenen Matches zu erreichen, musste man sechs schlechte Tage (in jeder Runde) akzeptieren, an denen keins dieser Spiele auf dem Programm stand.

Soweit der Spielplan, den das von Eduardo Dubuc entworfene Programm ergab. Man darf feststellen, dass Bedingung 5 bei idealer Einhaltung nur vier »schlechte« Termine pro Runde aufwies. Dies ist jedoch nicht zu vereinbaren mit Bedingung 3.

### *Einige Zahlen und Bemerkungen*

Die Gesamtzahl aller möglichen Spielpläne beträgt N = 20! (Fakultät von 20). Dennoch gibt es verschiedene Zusammenstellungen, die sich in der Praxis als äquivalent erweisen. So sind zum Beispiel die Mannschaften eines großen Paares unter sich austauschbar. Gleiches gilt für die Paare kleiner Teams sowie die Kombinationen von Mannschaften aus dem Landesinneren. Es gab fünf Paare zu diesen Bedingungen. Außerdem können die beiden Teams aus dem Landesinneren unter sich ausgetauscht werden, aber die beiden großen Mannschaften nicht. Dies gilt, da beispielsweise River und Boca zusätzlich die Bedingung 2 erfüllen müssen.
Es gibt außerdem drei kleine »ungebundene« Mannschaften, die unter sich ausgetauscht werden können, und das Gleiche lässt sich auch für drei Mannschaften aus dem Landesinneren durchführen.
Dies bedeutet, dass man, um die Gesamtzahl von wirklich unterschiedlichen Spielplänen zu berechnen, durch N = 20! dividieren muss, wobei gilt:

$$K = (2 \cdot 2 \cdot 2 \cdot 2 \cdot 2 \cdot 2 \cdot 6 \cdot 6) = 2.304$$

Somit erhält man:

$$N/K = 20!/2.304 = 1.055.947.052.160.000$$

was fast 1.056 Billionen, das heißt fast 1.056 Millionen Millionen von tatsächlich verschiedenen Spielplänen darstellt.

Eduardo schrieb in seinen Kommentaren: »Es ist hinreichend deutlich geworden, dass es einen *einzigen Spielplan* unter all diesen vielen gibt, der die Bedingungen 1, 2, 3, 4 und 5 erfüllt. Dies ist exakt derjenige, den das Programm ausfindig gemacht hat.«

Und er fuhr fort: »Das Programm kann diesen herausfiltern, nachdem es durchschnittlich nur 500.000 bis eine Million Pläne analysiert hat, was ungefähr 20 Minuten dauert. Es beginnt mit einem zufällig ausgewählten Spielplan und endet schließlich immer mit demselben.

Wenn man die Bedingungen ein wenig lockern könnte (zum Beispiel, dass es ein oder zwei Termine in einer Runde geben darf, die nur ein verschlüsseltes Spiel aufweisen), würde dies das Problem enorm erleichtern, da es dann sehr viele Möglichkeiten gibt, die unsere Bedürfnisse erfüllen. Ist dies erlaubt, findet das Programm eine geeignete Zusammenstellung, nachdem es (durchschnittlich) lediglich ca. 10.000 (zehntausend) Spielpläne analysiert hat, was ungefähr 20 Sekunden dauert.« Denken Sie außerdem daran, dass er dies vor fast zwölf Jahren schrieb …

## Palindrome

Wenn ich behauptete, Sie wüssten, was ein Palindrom sei, würden Sie sicherlich fragen: »Ein was?« Und ich würde wiederholen: »Ein Palindrom.« Oder anders ausgedrückt, eine »palindromische Zahl«. Keine Reaktion. Ihr Gesicht verrät alles. Obwohl ich Sie gar nicht sehen kann, weiß ich: Das Wort sagt Ihnen gar nichts.
Kann ich Ihnen mit dem Hinweis weiterhelfen, dass Sie es vielleicht doch kennen, wenn auch unter einem anderen Namen? Immer noch keine Idee?

Hier kommen ein paar Beispiele, und gleich werden Sie sagen: »Ach so, das meinten Sie!«

121
1234321
648846
555555
79997
89098

Mehr Beispiele sind wohl nicht nötig, Sie haben bestimmt erkannt, dass ich von Zahlen spreche, die man *auch symmetrische* Zahlen nennt.
Das Lexikon der Real Academia Española gibt als Definition an, Palindrome lauteten von links nach rechts und von rechts nach links gelesen gleich. Die spanische Bezeichnung, *capicúa*, stammt vom katalanischen *cap i cua* ab, was so viel wie »Kopf und Schwanz« bedeutet.[27] Palin-

**27** Diese Information stammt von meinem Freund Alberto Kornblihtt (Molekularbiologe an der Fakultät für Naturwissenschaften an der UBA).

drom hingegen leitet sich vom griechischen Wort *palindromos* ab, das sich aus den Elementen *palin* (wieder, zurück) und *dromos* (Lauf, Rennbahn) zusammensetzt. Also ein »Rundlauf«.

An dieser Stelle möchte ich Sie mit einigen Kuriositäten der *symmetrischen* oder *Palindrom*zahlen vertraut machen. Manches ist bekannt und leicht nachzuweisen. Anderes ist nicht nur unbekannt, sondern die Entdeckung ihrer Lösung würde einige Probleme lösen, die seit langer Zeit in der Welt der Mathematik noch offen sind. Falls Sie also Lust haben, sich daran zu versuchen …

Die Ziffern

0, 1, 2, 3, 4, 5, 6, 7, 8, 9

sind *allesamt* Palindrome, denn ob man sie von links nach rechts oder von rechts nach links liest, spielt keine Rolle, das heißt, es gibt *zehn symmetrische Zahlen mit nur einer Ziffer.*

Und wie viele Palindromzahlen mit *zwei* Ziffern gibt es? Die Antwort lautet 9:

11, 22, 33, 44, 55, 66, 77, 88 und 99

Kommen wir nun zu den Zahlen mit *drei* Ziffern. Hier zeigt sich, dass es nicht sehr praktisch wäre, eine vollständige Liste anzufertigen. Wir könnten etwa so beginnen:

101, 111, 121, 131, 141 ... 959, 969, 979, 989 und 999

Es sind insgesamt 90. Wir sollten also eine Methode finden, wie man sie zählen kann, ohne eine Aufstellung aller Zahlen machen zu müssen. Haben Sie Lust, die Anzahl herauszufinden, ohne sie einzeln niederzuschreiben?

Nehmen wir eine Zahl mit *drei Ziffern*. Offensichtlich kann sie nicht mit 0 beginnen, da sie sonst keine drei Stellen aufwiese. Eine *Palindrom*zahl mit drei Ziffern darf mit jeglicher Zahl außer der 0 anfangen. Demnach existieren 9 Möglichkeiten.

Wie viele gibt es nun für die *zweite Ziffer*? In diesem Falle sind keine Einschränkungen vorhanden. Für sie kommt jede der zehn möglichen Ziffern in Frage: 0, 1, 2, 3, 4, 5, 6, 7, 8 und 9. Zwei Fragen sind in diesem Zusammenhang wichtig:

a) Da man mit neun verschiedenen Ziffern beginnen kann und für die zweite Stelle zehn Möglichkeiten hat, gibt es 90 denkbare Anfangskombinationen – ist dies klar? Es ist sehr wichtig, dies zu verstehen, denn sonst bekommen Sie im Folgenden Probleme, und es hätte keinen Sinn fortzufahren, ohne dies noch einmal zu durchdenken. Anders gefragt: Welche Ziffern kommen für die ersten beiden Stellen der Zahl, die am Ende dreistellig sein soll, in Frage? Die Zahlen, mit denen man beginnen kann, lauten:

   10, 11, 12, 13, 14 ... 97, 98 und 99

   Das heißt, wenn man mit der 1 anfängt, hat man 10 Möglichkeiten, bei der 2 ebenfalls 10, ebenso bei der 3 … bis man bei 9 mit wiederum 10 Kombinationen angelangt ist … Insgesamt existieren also 90 verschiedene Einstiegsarten.

b) Wenn die Zahl, die wir suchen, aus drei Ziffern besteht, ein Palindrom sein muss und die ersten beiden Ziffern schon feststehen – kann man dann die dritte verändern? Anders ausgedrückt: Sind die ersten beiden bekannt, dann steht die dritte Ziffer auch fest!

Dies ist ebenfalls sehr wichtig, da dies bedeutet, dass die erste Ziffer die dritte bedingt, die ja der ersten entsprechen muss.
Demnach sind die 90 Möglichkeiten, die wir berechnet haben, bereits *alle*, die es gibt. Und wir mussten sie nicht komplett der Reihe nach aufschreiben! Es genügte, sich eine Methode zu ihrer Berechnung zu überlegen, mit deren Hilfe man auf eine Liste sämtlicher Möglichkeiten verzichten konnte.
Vor diesem Hintergrund lässt sich nun weiterfragen: Wie viele Palindrome mit *vier Ziffern* gibt es?
Wenn man ein wenig darüber nachdenkt, wird einem klar, dass die ersten beiden Ziffern die letzten beiden bestimmen, da man es nun mit einer vierstelligen palindromischen Zahl zu tun hat.
Wenn diese außerdem mit

*ab*

beginnt,
dann müssen die beiden folgenden Ziffern

*ba*

lauten.
Die Zahl heißt also schließlich: *abba*. Und da wir eben gesehen haben, dass es für die ersten beiden Stellen 90 verschie-

dene Möglichkeiten gibt, ist festzustellen, dass sich daran bei vierstelligen Zahlen *nichts ändert.* Kurioserweise existieren also auch 90 *symmetrische Zahlen* mit vier Ziffern. Die Überprüfung folgender Informationen überlasse ich Ihnen:

a) Es gibt 199 Palindrome, die kleiner sind als 10.000.
b) 1.099 Palindrome unter 100.000.
c) 1.999 unter 1.000.000.
d) 10.999 kleiner als 10.000.000.

Wenn Sie mögen, können Sie gerne fortfahren, es geht nach dem gleichen Schema weiter.
Doch nun zu etwas *Unbekanntem.* Man *vermutet* – wenngleich es bislang nicht bewiesen ist –, dass es *unendlich viele* Primzahlen gibt, die Palindrome sind. Man weiß jedoch, dass mit Ausnahme der Zahl 11 (die zugleich Prim- und Palindromzahl ist) eine Palindromzahl nur dann eine *Primzahl* sein kann, wenn sie eine *ungerade* Anzahl an Ziffern besitzt. Dies lässt sich beweisen, indem man zeigt, dass jede beliebige symmetrische Zahl mit einer *geraden* Anzahl an Stellen stets ein Vielfaches von 11 ist. Überzeugen Sie sich selbst und machen Sie die Rechnung.
Lassen Sie uns weiter nach Palindromen suchen und nehmen wir eine beliebige Zahl mit zwei oder mehr Ziffern, zum Beispiel:

9253

Wenn wir sie rückwärts schreiben, als ob man sie in einem Spiegel betrachtete, erhalten wir

3529

Addieren wir nun diese beiden Zahlen: (9253 + 3529) = 12782. Dieses Ergebnis lesen wir einmal vorwärts und einmal rückwärts und addieren wieder beide Zahlen: (12782 + 28721) = 41503. Diesen Vorgang wiederholen wir noch einmal: (41503 + 30514) = 72017. Jetzt gehen wir wieder einen Schritt weiter: (72017 + 71027) = 143044; und schließlich: (143044 + 440341) = 583385. *Und damit erhalten wir eine Palindromzahl!*
Unternehmen Sie mit irgendeiner beliebigen Zahl einen Versuch und sehen Sie, was dabei herauskommt. Sie werden entdecken, dass Sie nach einer endlichen Anzahl von Schritten zu einem Palindrom gelangen, wenn Sie das oben vorgeführte Verfahren durchführen.

Natürlich ergibt sich daraus die Frage: Ist dies *immer* der Fall? Leider scheint die Antwort darauf *nein* zu lauten. Obwohl Sie es sicherlich mit verschiedenen Zahlen versucht haben, es bei *allen* funktioniert hat und man daher meine eben aufgestellte Behauptung gerne für falsch erklären möchte, bitte ich Sie, mich einige Zahlen vorschlagen zu lassen, mit denen man einen Versuch starten sollte. (Probieren Sie es einmal aus, Sie werden Ihren Spaß daran haben.)

196
887
1675
7436
13783
52514

Unter den ersten 100.000 Zahlen finden sich lediglich 5996 (also weniger als 6 Prozent), bei denen man *nicht* zu einem

Palindrom gelangt. Es gibt jedoch keinen formellen *Beweis* dafür.

Und noch etwas zu diesem kuriosen Phänomen von Summen und Umkehrungen: Wenn man mit einer Zahl mit *zwei Ziffern* anfängt, deren Summe 10, 11, 12, 13, 14, 15, 16 und 18 ergibt, dann gelangt man mithilfe des oben beschriebenen Verfahrens in jeweils 2, 1, 2, 2, 3, 4, 6 und 6 Schritten zu einem Palindrom. Beginnt man beispielsweise mit der 87, deren Ziffern 15 (8 + 7 = 15) ergeben, benötigt man 4 Schritte bis zu einer symmetrischen Zahl:

$$\begin{array}{r} 87 \\ \underline{78} \\ 165 \\ \underline{561} \\ 726 \\ \underline{627} \\ 1353 \\ \underline{3531} \\ 4884 \end{array}$$

Setzt man *zwei Ziffern* mit der Quersumme 17 an den Anfang (hier kommen nur die 89 und 98 in Frage), braucht man 24 Schritte bis zu einer Palindromzahl, die lautet:

8813200023188

Noch eine letzte interessante Tatsache: Die größte Palindromzahl unter den Primzahlen besitzt mehr als dreißigtausend Stellen![28]

**28** Es sind genau 30.913 Stellen. Entdeckt wurde sie 2003 von David Broadhurst.

Wenden wir uns einmal den Jahreszahlen zu: Wann waren symmetrische Primzahlen darunter? 2002 war ein Palindrom, aber keine Primzahl. Das letzte Jahr, das zugleich Palindrom und Primzahl darstellte, war 929, also bereits vor mehr als tausend Jahren. Wann wird es wieder eine symmetrische Primzahl als Jahreszahl geben? In diesem Millennium sicherlich nicht, denn es beginnt ja mit der Zahl 2, die Palindrome enden demzufolge ebenfalls mit der 2 und sind demnach allesamt gerade Zahlen, die keine Primzahlen bilden können. Wie ich außerdem oben ausgeführt habe, müssen die symmetrischen Zahlen, um Primzahlen darzustellen, eine ungerade Anzahl an Stellen aufweisen. Um also das nächste Jahr herauszufinden, das beide Eigenschaften verkörpert, müssen wir nach 10.000 suchen. Ich habe nicht vor, so lange zu leben, aber wenn Sie genau wissen möchten, wie lange Sie noch warten müssen: das Jahr 10.301 stellt sowohl Palindrom als auch Primzahl dar.
Die Palindromzahlen besitzen Freunde und Förderer von hohem Niveau. Ernesto Sabato schlägt in seinem Roman *Abbadón, el exterminador* (1974, S. 223) vor, einen palindromischen Roman zu schaffen, den man sowohl von hinten nach vorne als auch von vorne nach hinten lesen kann. Ein verwandtes Experiment ist der Roman *Rayuela* des Argentiniers Cortázar, in dem die Kapitel untereinander austauschbar sind. Der Verleger von Sabato ist der Ansicht, dass das spanische Wort für Palindromzahl *capicúa* dem in Buenos Aires sehr verbreiteten italienischen Dialekt entstammt und *capocoda* bedeutet, also Kopf-Schwanz. Ob es nun katalanischen oder italienischen Ursprungs ist – die Bedeutung bleibt die gleiche.

Meine liebe Freundin, die Soziologin Norma Giarraca, trug mir außerdem auf, nicht über die Palindromzahlen zu schreiben, ohne zu erwähnen, dass man traditionell daran glaubte, dass sie Glück brächten. Wenn man zum Beispiel in der Straßenbahn, im Zug oder Bus fuhr und die Fahrkarte ein Palindrom darstellte, konnte dies bedeuten, dass uns irgendetwas Gutes widerfahren würde. Viel Glück!

## Das Fünfzehnerspiel oder 15-Puzzle

Eines der Spiele, das die meisten Anhänger in der Geschichte der Menschheit gewinnen konnte, ist unter dem Namen »15-Puzzle« bekannt.
Es besteht aus einem Quadrat von 4 · 4 Feldern (wie in der Abbildung dargestellt), auf die die ersten 15 Zahlen (von 1 bis 15) folgendermaßen verteilt sind:

| | | | |
|---|---|---|---|
| 1 | 2 | 3 | 4 |
| 5 | 6 | 7 | 8 |
| 9 | 10 | 11 | 12 |
| 13 | 14 | 15 | |

Wenn man sich also das Spiel kaufte, bekam man eine Schachtel, in der sich ein »Quadrat« aus Holz mit fünfzehn beweglichen Teilen und einem freien Feld (das an der Stelle der Zahl sechszehn steht) befand. Man »brachte« die ursprüngliche Anordnung »durcheinander«, bis man sie für kompliziert genug hielt, dass sich ein weiterer Mitspieler damit auseinandersetzte, und forderte diesen

dazu auf, die Quadrate wieder in den ursprünglichen Zustand zu versetzen.
Bevor wir weitergehen, zunächst ein wenig Geschichte.
Der »Erfinder« dieses Problems war Samuel Loyd (bekannt als Sam Loyd, 1841–1911), der einer der größten Schöpfer von Spielen mit mathematischem Bezug war. Das »15-Puzzle« oder »Fünfzehnerspiel« erschien im Jahr 1914 in einem Buch, das Loyds Sohn veröffentlichte, nachdem sein Vater verstorben war. Dieser hatte es bereits im Jahr 1878 entworfen.
Im Allgemeinen waren viele Menschen mit ein wenig Geduld dazu in der Lage, die Probleme zu lösen, die durch das »Durcheinanderbringen« der ursprünglichen Verteilung entstanden. Aber Loyd brachte eine neue Herausforderung auf, als er demjenigen eintausend Dollar bot, der bei der folgenden Anordnung den Ursprungszustand wiederherstellen konnte (natürlich nur mit »legalen« Bewegungen, das heißt, indem man die kleinen Quadrate in horizontaler oder vertikaler Richtung verschiebt und alternativ das leere Feld einsetzt):

| | | | |
|---|---|---|---|
| 1 | 2 | 3 | 4 |
| 5 | 6 | 7 | 8 |
| 9 | 10 | 11 | 12 |
| 13 | 15 | 14 | |

Wenn man genau hinschaut, stellt man fest, dass die einzige Veränderung gegenüber dem ursprünglichen Zustand darin besteht, dass die Felder der 15 und 14 vertauscht sind.
Die Zeit verging und niemand konnte den Preis für sich beanspruchen; natürlich sind die unglaublichsten Geschich-

ten darüber in Umlauf über Menschen, die sich nur noch damit beschäftigten und nicht mehr zur Arbeit gingen, Menschen, die nicht mehr schliefen, weil sie sich verzweifelt nach der Lösung verzehrten ... und nach der ausgesetzten Belohnung natürlich. Loyd wusste, warum er diese Summe riskieren konnte: Dieses Problem ist in der Mathematik tief verwurzelt und *unlösbar*.

Um ein wenig zu verstehen, *warum es keine Lösung geben kann*, werde ich an Hand eines einfacheren Beispiels aufzeigen, wo die unüberwindlichen Schwierigkeiten liegen.

Nehmen wir an, wir haben statt eines Quadrats von 4 · 4, wie wir es oben gesehen haben, eines von 2 · 2, das genauso wie das »15-Puzzle« aufgebaut ist, aber nun als »3-Puzzle« bezeichnet werden müsste, da es in den kleineren Dimensionen folgendermaßen aussieht:

| | |
|---|---|
| 1 | 2 |
| 3 | |

Das heißt, das ursprüngliche Spiel besitzt nun lediglich drei Quadratfelder mit der dargestellten Verteilung. In den folgenden Ausführungen werde ich darauf verzichten, die Quadrate abzubilden, sondern mich auf die Zahlen beschränken:

| | |
|---|---|
| 1 | 2 |
| 3 | |

Dies werden wir als die *ursprüngliche Position* bezeichnen. Um die Frage, die Loyd aufwarf, darzustellen, fragen wir uns, ob man zu folgender Verteilung gelangen kann:

| | | |
|---|---|---|
| 2 | 1 | |
| 3 | | (*) |

Die Antwort lautet: *Es ist nicht möglich.* Aber aus welchem Grund?
Zeichnen wir alle denkbaren Bewegungen auf, die man von der ursprünglichen Position aus vollführen kann. Diese sind:

12  12    2  2    23  23    3  3    31  31    1  1
3 ,    3,  13,  13,  1 ,    1,  21,  21,  2 ,    2,  32,  32

Damit haben wir *insgesamt* 12 mögliche Verteilungen. Statt die verschiedenen Anordnungen in der bisherigen Weise zu notieren, schreibe ich sie nun folgendermaßen: (1,2,3) (wobei es keine Rolle spielt, wo sich das Leerfeld befindet, wir wissen, dass die relative Reihenfolge zählt, wenn wir die Zahlen im Uhrzeigersinn lesen). Machen Sie sich nun Folgendes klar: Wenn man sich zur 1 begibt und die Felder im Uhrzeigersinn durchläuft (wobei man gegebenenfalls das leere Feld überspringt), erhält man stets die Verteilung (1, 2, 3), was bedeutet, dass sich die relative Reihenfolge der Zahlen 1,2 und 3 nicht ändert. Eine Aufstellung wie die oben in (*) vorgeschlagene

| | |
|---|---|
| 2 | 1 |
| 3 | |

ist von der ursprünglichen Position aus nicht mithilfe der zulässigen Bewegungen erreichbar.

Wir hatten eben alle Möglichkeiten gründlich analysiert und letztere war nicht gegeben. Zusätzlich könnte man noch folgendes Argument anführen (wobei es nicht notwendig ist, alle denkbaren Anordnungen im Einzelnen aufzulisten): Wenn man sich nun auf die Nummer 1 stellt und die Quadrate im Uhrzeigersinn durchgeht, erhält man nicht (1, 2, 3) wie vorher, sondern (1, 3, 2). Dies bedeutet, die in (*) dargestellte Verteilung ist von der ursprünglichen aus nicht zu erreichen!
Ich möchte Ihnen vorschlagen, *alle Möglichkeiten* durchzugehen, die ausgehend von der Aufstellung in (*) denkbar sind.

| | | | | | | | | | | | |
|---|---|---|---|---|---|---|---|---|---|---|---|
| 21 | 21 | 1 | 1 | 13 | 13 | 3 | 3 | 32 | 32 | 2 | 2 |
| 3 , | 3, | 23, | 23, | 2 , | 2, | 12, | 12, | 1 , | 1, | 31, | 31 |

Man erkennt, dass nun 12 andere Anordnungen entstehen, und damit haben wir alle möglichen Fälle abgedeckt. Außerdem: Wenn man jede dieser 12 Möglichkeiten im Uhrzeigersinn durchgeht und wieder bei der 1 beginnt, erhält man stets den Aufbau (1, 3, 2).
Nun sind wir bereits in der Lage, einige Schlussfolgerungen zu ziehen. Wenn man 3 Zahlen und ein Quadrat von $2 \cdot 2$ hat, gibt es insgesamt 24 mögliche Anordnungen, die man in zwei *Kreisbahnen*, um es einmal so zu nennen, unterteilen kann. Die eine Kreisbahn weist – wenn man sie durchläuft – die Aufstellung (1, 2, 3) auf, die andere die (1, 3, 2). Damit sind die Möglichkeiten ausgeschöpft. Das Interessante an dem Spiel ist, dass man nicht von einer Kreisbahn zur anderen wechseln kann. Die Frage, die sich nun stellt, lautet, ob sich feststellen lässt, ob eine *bestimmte* Anordnung sich auf der ursprünglichen Bahn befindet oder nicht, ohne sie im Ein-

zelnen auflisten zu müssen. Ich bitte Sie, einen Augenblick über die Antwort nachzudenken, da dies sehr gut illustriert, wie die Mathematik in ähnlichen Fällen vorgeht.
Die Aufstellungen (1, 2, 3) und (3, 1, 2) bewegen sich auf derselben Bahn, (3, 1, 2) und (1, 3, 2) hingegen nicht. Verstehen Sie, warum? – Wenn man sich das letzte Paar ansieht und die Zahlen bei der 1 beginnend durchgeht, entsprechen sich die Anordnungen nicht, wie es bei den ersten beiden Gruppierungen der Fall ist.
Und noch etwas: Wenn man sich (3, 1, 2) vornimmt und zählt, wie oft eine *größere* Zahl vor einer kleineren erscheint, erhält man *zwei Fälle*: Die 3 befindet sich vor der 1 und die 3 vor der 2. Damit gibt es zwei sogenannte *Inversionen.* Bei (3, 2, 1) liegen drei Inversionen vor, da 3 vor 2, 3 vor 1 und 2 vor 1 steht. Dies bedeutet, die Anzahl der Inversionen kann ungerade oder gerade sein, und in Übereinstimmung damit gruppieren wir die vorliegenden Dreiergruppen.
Und dies ist das Interessante daran. Alle Gruppen, die zu einer Kreisbahn gehören, besitzen dieselbe *Parität.* Dies bedeutet, innerhalb einer Bahn weisen alle entweder eine *gerade* oder eine *ungerade* Zahl an Inversionen auf.
Dies stellt die Lösung für die Aufgabe dar, die Loyd ursprünglich gestellt hatte. Wenn man das Beispiel ansieht, das er vorlegte (bei dem die 14 und 15 vertauscht sind), stellt man fest, dass die Anzahl der Inversionen 1 beträgt (da die einzige Zahl, die vor einer kleineren steht, die 15 ist, die vor der 14 erscheint).
In der ursprünglichen Aufstellung hingegen gibt es keine Inversionen, das heißt, die beiden Fälle befinden sich nicht auf derselben Kreisbahn ... und damit ist das gestellte Problem unlösbar.

Loyd wusste dies und daher bot er demjenigen, der es löste, tausend Dollar. Es gab keinerlei Risiko. Interessant ist, dass man mithilfe von Mathematik zeigen kann, dass diese Aufgabe, die doch kinderleicht zu sein scheint, unlösbar ist, ohne dass man es mit Gewalt probieren und immer weiter probieren muss …

## Das Pascal'sche Dreieck

Was ist das nur für ein Dreieck, das aus willkürlich zusammengewürfelten Zahlen zu bestehen scheint? Sehen Sie es sich einen Augenblick lang an, vergnügen Sie sich damit und versuchen Sie, *Gesetzmäßigkeiten* oder *Muster* herauszufinden. Es stellen sich folgende Fragen: Sind die Zahlen nach dem Zufallsprinzip zusammengestellt? Besitzen sie irgendeine Beziehung untereinander? Man sieht ja, dass eine Menge an *Einsen* vorhanden ist (genauer gesagt, an beiden Seiten des Dreieckes). Wie ist man wohl vorgegangen, um es zu konstruieren?

1<br>
1 1<br>
1 2 1<br>
1 3 3 1<br>
1 4 6 4 1<br>
1 5 10 10 5 1<br>
1 6 15 20 15 6 1<br>
1 7 21 35 35 21 7 1<br>
1 8 28 56 70 56 28 8 1<br>
1 9 36 84 126 126 84 36 9 1<br>
1 10 45 120 210 252 210 120 45 10 1<br>
1 11 55 165 330 462 462 330 165 55 11 1<br>
1 12 66 220 495 792 924 792 495 220 66 12 1<br>
1 13 78 286 715 1287 1716 1716 1287 715 286 78 13 1

Wie man sich vorstellen kann, könnte das Dreieck noch weitergehen. Ich habe hier nur einen Teil dargestellt. Wenn Sie erst einmal herausgefunden haben, wie es aufgebaut ist, können Sie sicherlich die nächste Reihe hinzufügen (und sogar noch weitermachen, wenn Sie gerade nichts anderes zu tun haben). Das Verständnis des Aufbaus wird nur ein Teil dieses Kapitels sein, handelt es sich dabei doch um eine Art Spiel (Spielen ist ja auch nichts Schlechtes, oder?). Das eigentlich Interessante ist jedoch zu erkennen, dass sich dieses Dreieck, so schlicht es zunächst wirken mag, verschiedentlich anwenden lässt und die darin enthaltenen Zahlen einige mathematische Probleme lösen können.

Dieses Dreieck war die Arbeit von Blaise Pascal, einem französischen Mathematiker und Philosophen, der nur 39 Jahre alt wurde (1623–1662). Forscher, die sich mit der Geschichte der Mathematik befassen, behaupten allerdings, dass das Dreieck und seine Eigenschaften in Wirklichkeit schon von den Chinesen beschrieben wurden, insbesondere von dem Mathematiker Yang Hui etwa 500 Jahre vor der Geburt Pascals sowie von dem persischen Dichter und Astronomen Omar Khayyam. In China nennt man das Dreieck sogar Yang-Hui-Dreieck, nicht Pascal'sches Dreieck wie in der westlichen Welt.

Zunächst die Frage: Wie ist das Dreieck aufgebaut? In der ersten Reihe steht eine *einzige* 1. Bis dahin ist also alles klar. In der zweiten Reihe stehen *zwei* Einsen. So weit, so gut. Wenn wir das Dreieck genau betrachten, stellen wir fest, dass jede weitere Reihe ebenfalls mit einer 1 beginnt und mit einer 1 endet.

Wir können folgende Beobachtung anstellen: Wählen Sie eine beliebige Zahl innerhalb des Dreiecks aus (außer der 1). Unmittelbar darüber stehen zwei weiterc Zahlen Addieren wir die beiden Zahlen, erhalten wir die Zahl, die wir ausgewählt haben. Nehmen Sie zum Beispiel die 20 in der siebten Reihe. Oberhalb befindet sich zweimal die 10. Die Summe ergibt ganz klar 20. Nehmen wir als weiteres Beispiel die 13 in der letzten Reihe rechts. Addieren wir die beiden darüber liegenden Zahlen (1 und 12), lautet das Ergebnis 13.

Wenn die ersten beiden Reihen nur aus Einsen bestehen, dann muss die dritte Zeile auf beiden Seiten mit 1 abschließen, die Zahl in der Mitte aber 2 sein, da genau oberhalb zwei Einsen stehen. So wird die dritte Reihe gebildet. Gehen wir weiter zur vierten Zeile.

Auch sie beginnt und endet mit 1. Die beiden Stellen in der Mitte erhält man, indem man die darüber liegenden Zahlen addiert, in beiden Fällen eine 1 und eine 2 (wenngleich die Addition in unterschiedlicher Reihenfolge erfolgt). Wir müssen also zweimal die 3 einfügen.

Ich nehme an, es ist klar, wie es weitergeht. Jede Reihe beginnt und endet mit einer 1, und jede Zahl, die hinzugefügt wird, ist die *Summe* der beiden darüber liegenden Zahlen. Somit haben wir die erste Aufgabe bereits gelöst: herauszufinden, wie das Dreieck aufgebaut ist. Übrigens: die nächste Zeile, die zu ergänzen wäre, beginnt wie alle anderen mit 1, gefolgt von 14 und 91. Verstehen Sie warum?

Bitte beachten Sie, dass das Dreieck *symmetrisch* ist. Es ist also egal, ob man eine Zeile von links nach rechts oder umgekehrt liest.
Untersuchen wir nun einige Diagonalen. Die erste besteht aus *Einsen*. Die zweite setzt sich aus allen natürlichen Zahlen zusammen.
Die dritte Diagonale sieht folgendermaßen aus:

(1, 3, 6, 10, 15, 21, 28, 36, 45, 55, 66, 78 ...)   (*)

Um welche Zahlen handelt es sich hier? Wie könnte man diese Folge aufbauen, ohne auf das Pascal'sche Dreieck zurückgreifen zu müssen?
Ich schlage Ihnen Folgendes vor: Beginnen Sie mit der zweiten Zahl, der 3, und ziehen Sie die vorstehende, die 1, davon ab. Das Ergebnis ist 2. Fahren Sie mit der 6 fort und subtrahieren Sie wieder die vorstehende Zahl. Das Ergebnis ist 3. Ziehen Sie wiederum von der 10 die vorstehende Zahl ab (die 6). Das Ergebnis ist 4 … Mit anderen Worten: Die Differenz oder das Ergebnis der Subtraktion zweier aufeinanderfolgender Zahlen nimmt stets um 1 zu. Das heißt, man erhält die Folge (*), indem man mit

1

beginnt.
Dann addiert man 2, und das Ergebnis ist 3.
Man addiert 3 und 3, und das Ergebnis ist 6.
Man addiert 4 und 6, und das Ergebnis ist 10.

Fährt man auf diese Weise fort, erhält man folgende grafische Darstellung:

| | |
|---|---|
| 1 | 1 |
| 1 + 2 | 3 |
| 1 + 2 + 3 | 6 |
| 1 + 2 + 3 + 4 | 10 |
| 1 + 2 + 3 + 4 + 5 | 15 |
| 1 + 2 + 3 + 4 + 5 + 6 | 21 |
| 1 + 2 + 3 + 4 + 5 + 6 + 7 | 28 |

Diese Zahlen heißen *Dreieckszahlen.*

Ein Beispiel: Nehmen wir an, wir sind zu einer Feier eingeladen. Jeder eintreffende Gast gibt den schon Anwesenden zur *Begrüßung* die Hand. Die Frage lautet: Wie viele Mal werden insgesamt die Hände geschüttelt, wenn bereits 7 Gäste anwesend sind?

Überlegen wir, wie wir dieses Problem analysieren können. Beim Eintreffen des ersten Gastes gibt es nichts zu zählen, weil vorher noch niemand da war. Bei der Ankunft des zweiten Gastes ist bereits eine Person anwesend. Es wird einmal die Hand geschüttelt. Sobald sich der dritte Gast einfindet, muss der bereits *zwei* Anwesenden die Hand geben. Demnach wurden insgesamt bereits 3-mal die Hände geschüttelt: 1-mal in dem Augenblick, als der zweite Gast ankam, und nun 2-mal. Beachten Sie, dass wir bei 3 Händedrücken sind, wenn sich drei Leute versammelt haben. Wenn der vierte Gast erscheint, muss er den dreien, die bereits anwesend sind, die Hand geben. Addieren wir diese drei Händedrücke zu den dreien, die wir bereits gezählt haben, sind wir bei 6. Der fünfte Gast muss 4-mal die Hände schütteln, was mit den bereits gezählten sechs 10 Händedrücke ergibt. Das heißt:

| | |
|---|---|
| 1 Person | 0-mal Händeschütteln |
| 2 Personen | 1-mal Händeschütteln |
| 3 Personen | (1 + 2) = 3-mal Händeschütteln |
| 4 Personen | (3 + 3) = 6-mal Händeschütteln |
| 5 Personen | (6 + 4) = 10-mal Händeschütteln |
| 6 Personen | (10 + 5) = 15-mal Händeschütteln |

Wie Sie sicher bereits bemerkt haben, entspricht die Anzahl des Händeschüttelns den Dreieckszahlen, die wir bereits oben gesehen haben. Das heißt, diese Diagonale des Pascal'schen Dreiecks ist vor allem bei Zählvorgängen in bestimmten Situationen hilfreich.

Wenden wir uns noch einmal derselben Diagonale mit den Dreieckszahlen zu:

(1, 3, 6, 10, 15, 21, 28, 36, 45, 55, 66, 78 ...)

Nun wollen wir die einzelnen Terme, anstatt sie wie vorher voneinander abzuziehen, paarweise zusammenzählen und die Ergebnisse notieren:

$$1 + 3 = 4$$
$$3 + 6 = 9$$
$$6 + 10 = 16$$
$$10 + 15 = 25$$
$$15 + 21 = 36$$
$$21 + 28 = 49$$
$$28 + 36 = 64$$

$$36 + 45 = 81$$
$$45 + 55 = 100$$

Nachdem ich nun mehrere Terme niedergeschrieben habe – fällt Ihnen etwas auf? Die Zahlen auf der rechten Seite, nämlich

(4, 9, 16, 25, 36, 49, 64, 81, 100 ...)

stellen die Quadrate aller natürlichen Zahlen (außer der 1) dar, also

$$(2^2, 3^2, 4^2, 5^2, 6^2, 7^2, 8^2, 9^2, 10^2 \ldots)$$

Abgesehen von all den Kuriositäten (und glauben Sie mir, es gibt noch sehr viele mehr), möchte ich Ihnen eine sehr wichtige Tatsache nicht vorenthalten.
Um das Folgende zu vereinfachen, wollen wir die *Zeilen* des Dreiecks nummerieren, wobei wir die erste (die lediglich eine 1 enthält) mit der Zahl 0 benennen.

Zeile *eins* enthält 1, 1
Zeile *zwei* enthält 1, 2, 1
Zeile *drei* enthält 1, 3, 3, 1
Zeile *vier* enthält 1, 4, 6, 4, 1

Nun möchte ich ein Problem darstellen, dessen Lösung erstaunlicherweise (oder vielleicht auch nicht …) in den Zahlen des Pascal'schen Dreiecks zu finden ist. Nehmen wir an, es gibt fünf Stürmer in einem Fußballteam, aber man wird nur zwei beim Sonntagsspiel einsetzen. Wie viele verschiedene Auswahlmöglichkeiten gibt es?

Das Problem könnte auch folgendermaßen aussehen. Angenommen, wir haben fünf Veranstaltungen an einem bestimmten Wochentag zur Auswahl, können aber nur zwei Karten kaufen. Wie viele verschiedene Kombinationen gibt es? Wie Sie sehen, könnten wir unzählige Beispiele finden, die in dieselbe Richtung weisen. Allgemein ließe sich der Gedanke folgendermaßen formulieren:
»Gegeben ist eine Menge mit *fünf* Elementen: Wie viele verschiedene Teilmengen lassen sich zusammenstellen, die *zwei* dieser *fünf* Elemente enthalten?«
Angenommen, wir haben:

(A, B, C, D, E)

Wie viele Möglichkeiten gibt es, aus diesen *fünf* Elementen Teilmengen mit *zwei Elementen* (in diesem Fall zwei Buchstaben) zu bilden? Dies entspricht der Auswahl von zwei von fünf Stürmern oder zwei Karten für zwei verschiedene Shows, die man aus fünf Veranstaltungen auswählt.
Erstellen wir eine Liste:

| | |
|---|---|
| AB | AC |
| AD | AE |
| BC | BD |
| BE | CD |
| CE | DE |

Wir haben also zehn verschiedene Möglichkeiten herausgefunden. Nun blättern Sie bitte wieder zum Pascal'schen Dreieck und nehmen sich die fünfte Zeile und hier das Element Nummer zwei vor. (Denken Sie daran, dass so-

wohl die Nummerierung der Zeilen als auch die Zählung der einzelnen Elemente mit 0 beginnt. Die Zahl 1 am Anfang jeder Zeile steht demnach an nullter Stelle.)
Also: Wie sieht die Zeile fünf aus? Sie lautet: 1, 5, 10, 5, 1. Demnach ist das Element Nummer 2 in Zeile fünf genau die Zahl 10, die die Zahl der Teilmengen aus zwei von fünf Elementen bezeichnet.
Sehen wir uns noch ein Beispiel an. Wenn man sechs Hemden hat und für eine Reise drei davon auswählen möchte: Wie viele verschiedene Möglichkeiten gibt es? Suchen wir zunächst im Pascal'schen Dreieck das *anzunehmende* Ergebnis. Dazu müssen wir in der 6. Reihe das dritte Element suchen (vergessen Sie nicht, dass die 1 am Anfang an nullter Stelle steht), nämlich die 20.
Wenn wir die Hemden mit A, B, C, D, E, F benennen, haben wir folgende möglichen Kombinationen:

| | | | |
|---|---|---|---|
| ABC | ABD | ABE | ABF |
| ACD | ACE | ACF | ADE |
| ADF | AEF | BCD | BCE |
| BCF | BDE | BDF | BEF |
| CDE | CDF | CEF | DEF |

Wir haben also 20 verschiedene Möglichkeiten, Teilmengen mit 3 Elementen aus einer Menge zu bilden, die 6 Elemente umfasst.
Zur Vereinfachung nennt man die Zahl, die die Anzahl an Teilmengen bezeichnet, die sich aus *k* Elementen einer Menge von *n* Elementen bilden lässt, *Binomialkoeffizient*:

$$C(n,k)$$

Seine Definition beinhaltet den Quotienten von bestimmten Fakultäten und geht – einstweilen – über das Ziel dieses Buches hinaus.[29]

Letztendlich haben wir gelernt, dass die Zahlen, die im Pascal'schen Dreieck auftauchen, auch dazu dienen, die Teilmengen zu zählen, die sich aus einer bestimmten Gruppe von Elementen einer gegebenen Menge bilden lassen – eine *sehr*, *sehr wichtige* Tatsache.

Man könnte das Pascal'sche Dreieck also auch wie folgt darstellen:

1

C(1, 0) C(1, 1)

C(2, 0) C(2, 1) C(2, 2)

C(3, 0) C(3, 1) C(3, 2) C(3, 3)

C(4, 0) C(4, 1) C(4, 2) C(4, 3) C(4, 4)

C(5, 0) C(5, 1) C(5, 2) C(5, 3) C(5, 4) C(5, 5)

Dies erklärt einiges, zum Beispiel, warum sich auf den beiden äußeren Diagonalen eine 1 befindet. Bei den Zahlen auf der Diagonale, die von rechts nach links läuft, handelt es sich somit um

C(n,0)

**29** Die Definition des Binomialkoeffizienten *C(n,k)* lautet:

C(n,k) = n!/(k! (n-k)!))

Beispielsweise haben wir in dem oben genannten Fall bereits berechnet, dass der Binomialkoeffizient C(5,2) = 10 und der Binomialkoeffizient C(6,3) = 20. Prüfen wir dies hier noch einmal nach:

C(5,2) = 5!/(2!3!) = 120/(2 · 6) = 120/12 = 10

Und

C(6,3) = 6!/(3!3!) = 720/(6 · 6) = 720/36 = 20

In diesem Fall sind alle Zahlen Einsen. Und das ist ganz richtig so, denn C(n,0) fragt ja nach der Anzahl von Möglichkeiten, nichts oder anders ausgedrückt *0 Elemente* aus einer Menge von *n* Elementen auszuwählen. Eine einzige! Denn auf wie viele verschiedene Arten kann ich keinen Stürmer für das Sonntagsspiel wählen? Nur auf eine einzige, nämlich indem ich keinen nehme. Wie viele Möglichkeiten gibt es, kein Hemd von den sechsen, die ich besitze, auszusuchen? Eine einzige!
Und die äußere Diagonale, die von links nach rechts verläuft? Sie entspricht den Binomialkoeffizienten:

C(n,n)

Wie viele Möglichkeiten gibt es also, fünf aus fünf Stürmern auszuwählen? Die Antwort lautet: eine! Wie viele Kombinationen stehen zur Auswahl, sechs von meinen sechs Hemden mitzunehmen? Eine, nämlich alle einzupacken. Wie viele verschiedene Zusammenstellungen sind möglich, wenn ich in fünf Veranstaltungen gehe, für die ich Karten habe? Eine einzige, denn ich besuche alle.
Daher besteht die äußere Diagonale, die von links nach rechts verläuft, ebenfalls aus Einsen.

➜ **Fazit:** Das Pascal'sche Dreieck sieht zwar simpel aus, *ist es aber mitnichten.*
Können Sie anhand dieser Informationen herausfinden, warum das Dreieck symmetrisch ist? Lesen Sie sich die obigen Ausführungen noch einmal durch. Vielleicht fällt Ihnen im Zusammenhang mit den Binomialkoeffizienten etwas ein.

Was bedeutet es, dass das Dreieck symmetrisch ist? Welche Binomialkoeffizienten müssten dafür gleich sein? Nehmen Sie als Beispiel Zeile 8:

1, 8, 28, 56, 70, 56, 28, 8, 1

Oder in Binomialkoeffizienten ausgedrückt:

C(8,0) C(8,1) C(8,2) C(8,3) C(8,4) C(8,5) C(8,6) C(8,7) C (8,8)

Was bedeutet es, dass beispielsweise die Zahl 28 zweimal erscheint? Es besagt, dass C(8,2) gleich C(8,6) sein muss. Es heißt auch, dass die Zahl

C(8,3) = C(8,5)

Oder dass die Zahl

C(8,1) = C(8,7)

Warum verhält es sich so? Überlegen wir gemeinsam. Sehen wir uns folgendes Beispiel an:

C(8,3) = C(8,5)

Was bedeutet C(8,3)? Dabei handelt es sich um die Möglichkeiten, Teilmengen mit 3 Elementen aus einer Grundmenge, die 8 Elemente umfasst, auszuwählen.
An dieser Stelle möchte ich innehalten und Ihnen eine Frage stellen: Wenn Sie die beiden Stürmer für Ihre Mannschaft aussuchen, werden dann nicht auch die anderen drei abgegrenzt, die Sie *nicht* nehmen? Und wenn Sie sich für die beiden Veranstaltungen entscheiden, die Sie anse-

hen möchten, legen Sie dadurch nicht auch die drei fest, die Sie nicht besuchen?
Die Antwort lautet: Wählt man eine Teilmenge, bestimmt man implizit auch eine andere, die aus den Elementen besteht, die man *außen vor* lässt. Daraus ergibt sich die Symmetrie des Dreiecks.
Wir haben gezeigt, dass

$$C(n,k) = C(n,n-k)$$

Bevor Sie das Kapitel über das Pascal'sche Dreieck beenden, vergnügen Sie sich doch noch etwas mit diesen Berechnungen und suchen Sie einmal selbst Beziehungen zwischen den Zahlen in den Reihen und Diagonalen.

## *Anhang*

Das Pascal'sche Dreieck *birgt* die *Lösungen* vieler Probleme. An dieser Stelle möchte ich nur zwei Beispiele anführen.

1. Wie kann man *alle* Potenzen von 2 herausfinden? Das heißt, was muss ich tun, um nachstehende Zahlenfolge zu erhalten?

(1, 2, 4, 8, 16, 32, 64, 128, 256, 512, 1024 ...)

Also

$2^0 = 1$

$2^1 = 2$

$2^2 = 4$
$2^3 = 8$
$2^4 = 16$
$2^5 = 32$
$2^6 = 64$
$2^7 = 128$
$2^8 = 256$
$2^9 = 512$
$2^{10} = 1024$

2. Zu folgendem Beispiel inspirierte mich ein Buch von Rob Eastaway und Jeremy Wyndham.
Nehmen wir an, wir laufen durch eine rechteckig angelegte Stadt wie Manhattan. Wir wissen, dass die Straßen horizontal und die Avenues vertikal verlaufen. Letztere sind mit den Zahlen 1, 2, 3, 4 und 5 gekennzeichnet. Die Straßen sind ebenfalls nummeriert. Sagen wir, die erste Straße trägt die Nummer 27, die zweite 28, die dritte 29, dann 30, 31 und 32.

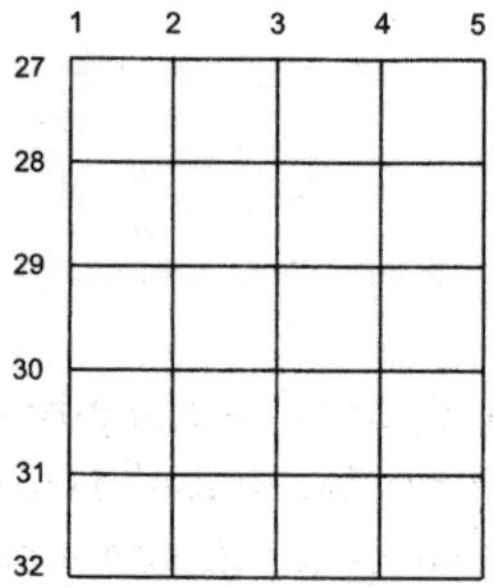


Nehmen wir ferner an, wir laufen alle möglichen Routen ab, wobei jedoch zwei Bedingungen zu erfüllen sind:

a) Man beginnt stets am Schnittpunkt zwischen 1 und 27 und
b) bewegt sich immer entweder nach rechts oder nach unten, um von einem Ort zum anderen zu gelangen.

Wie viele Wege gibt es also, zur 2 und zur 28 zu kommen? Die Antwort liegt auf der Hand: zwei.

1. Man geht *vertikal* auf der Avenue 1 von Straße 27 bis zur 28 und dann *horizontal* nach rechts, bis man die Avenue 2 erreicht.

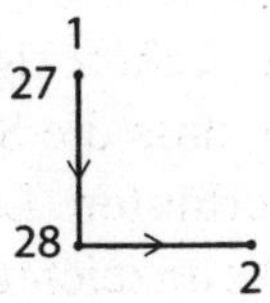


2. Man nimmt die Straße 27 in *horizontaler* Richtung, bis man zur Avenue 1 kommt. Diese geht man hinunter bis zur Straße 28.

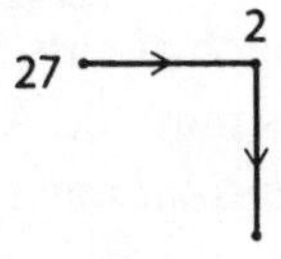


Noch ein Beispiel: Wie viele mögliche Wege gibt es, von der 1 und der 27 bis zur 2 und 29 zu kommen? (HINWEIS: Nicht die Häuserblocks werden gezählt, sondern jedes Mal, wenn man nach unten oder nach rechts abbiegen muss.)

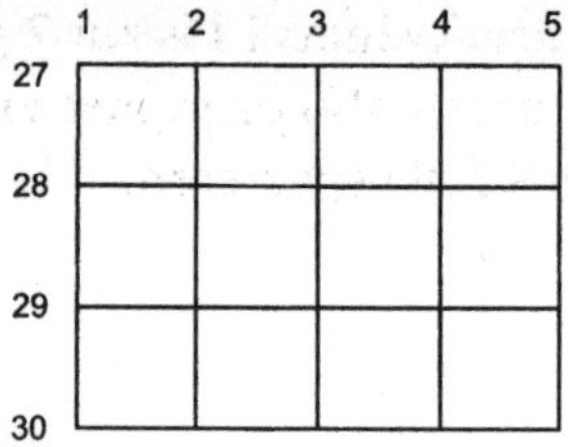


Anhand der Zeichnung wird deutlich, dass es nur drei mögliche Wege gibt:

a) Auf der Avenue 1 von der 27. bis zur 29. Straße gehen und dann *nach rechts abbiegen*, bis man die 2. Straße erreicht.

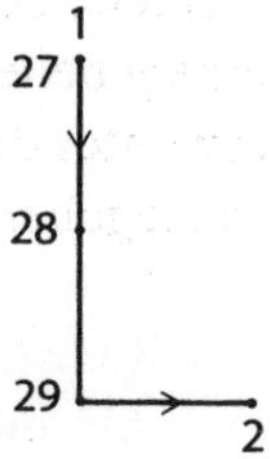


b) Die Avenue 1 in *vertikaler Richtung* entlanggehen, bis man zur Straße 28 gelangt, dann nach rechts abbiegen und *horizontal* weiterlaufen, bis man die Avenue 2 erreicht, anschließend den Weg *vertikal* nach unten bis zur Straße 29 fortsetzen.

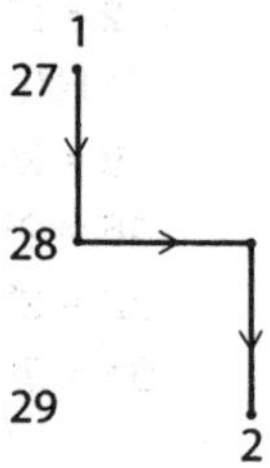

c) Auf der 27. Straße von der Avenue 1 bis zur 2 gehen und dann *vertikal* nach unten abbiegen und entlang der Avenue 2 bis zur 29. Straße spazieren.

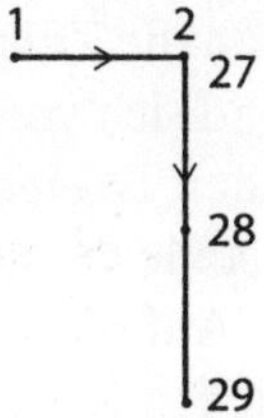


Abschließend möchte ich Ihnen noch folgende Aufgabe stellen: Finden Sie heraus, wie viele Möglichkeiten es gibt, von der Avenue 1 und der 27. Straße zu jedem beliebigen Punkt der Stadt zu gelangen (nach wie vor unter der Bedingung, nur nach rechts oder nach unten zu gehen).

*Lösungen:*

1. Addiert man die Zeilen des Pascal'schen Dreiecks, stellt man Folgendes fest:

| Zahlen in der Zeile | Summe |
|---|---|
| {1} | $1 = 2^0$ |
| {1, 1} | $2 = 2^1$ |
| {1, 2, 1} | $4 = 2^2$ |
| {1, 3, 3, 1} | $8 = 2^3$ |
| {1, 4, 6, 4, 1} | $16 = 2^4$ |
| {1, 5, 10, 10, 5, 1} | $32 = 2^5$ |
| {1, 6, 15, 20, 15, 6, 1} | $64 = 2^6$ |

Die *Summe* der Zahlen jeder Zeile stellt die Potenz von 2 entsprechend der Nummer der Zeile dar.

2. Lösung zum Problem der Wege in der rechteckig angelegten Stadt. Bemerkenswert ist, dass man die Zeichnung nur 45 Grad im Uhrzeigersinn drehen und sich vorstellen muss, dass darauf ein Teil des Pascal'schen Dreiecks abgebildet ist, so dass man an jeder Schnittstelle die entsprechende Zahl aus dem Dreieck einträgt. Auf diese Weise erhalt man die genaue Anzahl an möglichen Routen.

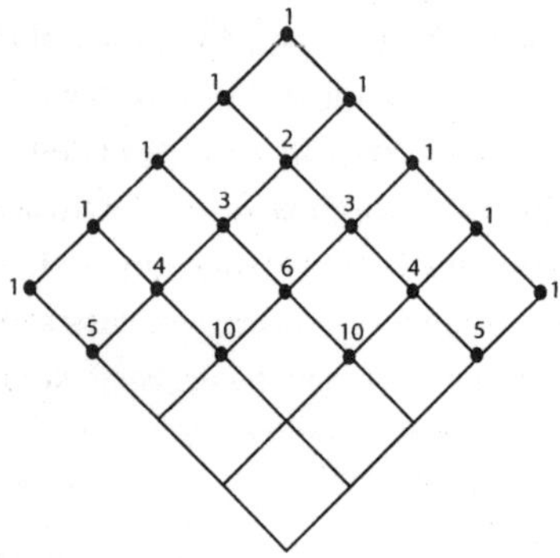

# Epilog. Die Spielregeln

Einer der größten Fehler, die wir in unserem Unterricht begehen, besteht darin, dass der Lehrer immer die Antwort auf das vorliegende Problem zu kennen scheint. Dies führt bei den Schülern zu der Vorstellung, dass es irgendwo ein Buch mit allen richtigen Antworten auf alle interessanten Fragen gibt und der Lehrer alle Antworten weiß. Außerdem glauben sie, dass alle Probleme gelöst wären, würde man nur an dieses Buch kommen. Mit der Natur der Mathematik hat das jedoch nichts zu tun.

LEON HENKIN

Nachdem ich viele Jahre lang als Dozent an der Universität gearbeitet habe und mit Professoren und Studenten im Gespräch gewesen bin, das heißt, nachdem ich viele Jahre gezweifelt habe und zu der Überzeugung gelangt bin, immer weniger zu wissen, kommt es mir so vor, als könnte keine meiner Äußerungen einen endgültigen, abschließenden Charakter haben.

So kam ich auf die Idee, zu Beginn eines jeden Seminars einige grundsätzliche Regeln für den Unterricht

aufzustellen (im Prinzip für die Mathematik, die Regeln lassen sich jedoch leicht auf andere ähnliche Gegebenheiten übertragen). Da ich sie schon vor langer Zeit entwickelt habe, möchte ich sie nun gerne an andere weitergeben.
Hier sind sie:

- Es fällt in die Verantwortung der Dozenten, Ideen in klarer und voranschreitender Form darzustellen. Von euch Schülern wünschen wir uns, dass ihr lernt und *nachdenkt.*
- Ihr seid uns wichtig. Wir sind allein dafür da, euch beim Lernen zu unterstützen.
- *Fragt.* Wir brauchen alle unterschiedlich lange, um etwas zu verstehen. Wir sind nicht einmal selbst jeden Tag die gleichen.
- Die Aufgabe des Dozenten besteht in erster Linie darin, Fragen aufzuwerfen. Es genügt nicht, nur Antworten zu geben.
- Sterile Kompetenzen interessieren uns nicht: Niemand ist ein besserer Mensch, weil er etwas verstanden hat oder schneller als die anderen denkt. Wir schätzen die Anstrengung, die jeder Einzelne unternimmt.
- (Folgendes gilt nur für die Universität.) In diesem Fach gibt es keine bürokratischen Fallstricke. Prinzipiell wird jede Frage, die mit

»Ich habe den Grundkurs Mathematik 2 noch nicht abgelegt …« oder
»Ich habe Wissenschaftsgeschichte noch nicht bestanden …« oder

»Ich habe das Gymnasium noch nicht beendet ...« oder
»Ich habe mich noch nicht eingeschrieben ...« usw.

beginnt und mit »Kann ich dieses Seminar trotzdem besuchen?« endet, mit »Ja!« beantwortet.

- Gehen wir mit Begeisterung an die Dinge heran!
- Die Theorie steht im Dienst der Praxis. Ziel dieses Seminars ist es, das Denken zu schulen, um eine bestimmte Art von Problemen überhaupt aufwerfen und lösen zu können.
- Unterwerfen Sie sich nicht der (angeblichen) akademischen Autorität des Dozenten. Wenn Sie etwas nicht verstehen, fragen Sie, seien Sie hartnäckig, diskutieren Sie so lange, bis Sie es verstanden haben (oder bis wir gemerkt haben, dass wir es sind, die nichts verstehen).

### *Wie lernen?*

a) Die erste Empfehlung lautet: Üben Sie und bemühen Sie sich, die Aufgaben zu lösen. Wenn Sie eine Aufgabe nicht lösen können oder eine Definition nicht wissen, lesen Sie die Theorie nach und probieren Sie es noch einmal, indem Sie versuchen, mit einer Analogie zu arbeiten. Vermeiden Sie es, erst zu lernen und sich dann mit der Praxis zu beschäftigen.

b) Versuchen Sie die Bedeutung des vorliegenden Problems zu verstehen, egal ob es sich um eine Aufgabe oder ein theoretisches Ergebnis handelt.

c) Bemühen Sie sich, selbst Beispiele zu finden … viele Beispiele! Auf diese Weise können Sie feststellen, ob Sie ein Thema verstanden haben.

d) Widmen Sie einen guten Teil Ihrer Zeit dem Nachdenken … Es hilft … und ist sehr gesund.